KB133859

수학을 배워서 어디에 써먹지?

ROMAN NUMERALS

EINSTEIN

Calculator

PLUS

E=MC²

수학을 배워서 어디에 써먹지?

계산기가 있어도 수학을 알아야 하는 이유

MONEY

GRAVITY

DIGITAL

루돌프 타슈너 지음
김지현 옮김

수학 공부는 수학 지식을 쌓는 데서 더 나아가
다른 학문을 이해할 수 있는 창을 열어 준다!

아날로그

실제 세상 속 모든 지식은 우리 눈앞에 언제나 펼쳐진 채로
놓여 있는 거대한 책 속에 쓰여 있다. 바로 우주다.
하지만 이를 어떤 언어로 이해해야 하는지,
어떤 글자로 되어 있는지를 알지 못하면
이 안에 쓰인 것을 이해할 수 없다.
이는 수학의 언어로 쓰여 있으며,
글자는 삼각형, 원 그리고 다른 기하학적 도형으로 이루어져 있다.
수학 없이는 이 중 한 단어도 이해할 수 없다.
단지 어두운 미로 속에서 속절없이 길을 잃을 뿐이다.

갈릴레오 갈릴레이, 《분석자 Il Saggiatore》, 1623

1

수학은 어떻게 시작되었을까

복잡하고 어려워 보이는 수학도 처음 시작되었던
순간이 있을 것이다. 방정식, 함수, 수열, 행렬, 집합 등
파고 들면 난해하기 짝이 없는 수학도 처음에는
아주 단순한 셈에서 출발했다. 흔히 말하는 사칙연산,
즉 덧셈과 뺄셈 그리고 곱셈과 나눗셈이다.
과거의 사람들은 이런 개념을
어떻게 만들어 내고 발전시켰을까?

최초의 계산법, 덧셈과 뺄셈

계산, 좀 더 쉽게 말하자면 '셈'은 사람들이 점차 부유해짐에 따라, 혹은 부유함을 유지하기를 바랐기 때문에 발명되었다. 셈은 바로 그런 이유로 매력적이다. 물론 돈만으로는 행복해질 수 없다. 하지만 독일의 저명한 문학평론가 마르셀 라이히라니츠키Marcel Reich-Ranicki 가 말한 것처럼, "전철에서 우는 것 보다는 택시에서 우는 것이 낫다."

그렇다면 셈은 어떻게 시작되었을까? 재산의 축적에 대

한 관심과 셈이 주는 권력에 대해 알려면 인류 역사가 막 시작할 무렵으로 거슬러 올라가야 한다. 앞으로 소개할 이야기는 그리 잘 알려지지도 않았고 사실을 그대로 옮긴 이야기도 아니지만, 굉장히 잘 만들어져 들으면 쉽게 납득할 만하다. 이 이야기를 들으면 더하기와 빼기, 곱하기와 나누기를 정복하는 것이 얼마나 중요한지 알 수 있다. 셈만 제대로 할 수 있다면 이를 통해 자신의 재산을 잘 파악할 수 있을 뿐만 아니라 불릴 수도 있다.

부족장의 의문

계산은 인류가 막 정착하기 시작한 이른 석기시대에 처음 시작되었다. 한 부족장이 문득 의문을 느꼈다. 우리 부족에 방망이를 휘두를 수 있는 사람이 이웃 부족보다 더 많지 않을까? 만일 그 짐작이 사실이라면 그는 더 좋은 지역을 노려 볼 수 있을 것이다. 그러나 족장은 정치에는 능했지만 숫자에는 약했다. 그래서 그는 지식인 길드 출신의 주술사이자 그를 위해 셈을 해줄 비서관을 고용했다.

주술사는 나무 조각을 두 개 준비해 각각 빗금을 새겼다.

한쪽에는 싸울 수 있는 자기 부족 내 전사의 수만큼, 다른 한쪽에는 이웃 부족의 전사로 추측되는 수만큼. 그 후에는 빗금이 새겨진 나무를 나란히 놓고 비교했다. 우리 부족과 상대 부족을 나타내는 두 나무에 새겨진 빗금 수의 차이가 전쟁의 위험을 감수할지 여부를 결정할 것이었다.

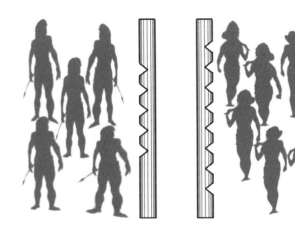

그림 1 왼쪽은 우리 부족의 전사, 오른쪽은 방망이를 휘두를 수 있는 이웃 부족의 전사를 의미한다. 각 나무에는 이들의 수만큼 빗금이 새겨져 있으며, 이를 통해 싸움의 승산을 가늠할 수 있다.

실제로 덧셈과 뺄셈은 모든 셈의 방법 가운데 제일 먼저 발명되었을 것이다. 곱하기나 나누기에 비하면 훨씬 이해하고 계산하기 쉽다는 점 외에도, 우리는 일상적으로 많은 것들을 서로 견주어 비교하기 때문이다. 과거에는 나무에 새겨진 빗금을, 오늘날에는 선거의 득표수나 통장의 잔고를 말이다.

어쨌거나 부족장의 시대로부터 수천 년이 지난 후에도 나무에 빗금을 치는 행위는 계속되었다. 이 방법은 특히 빌려준 돈의 액수 등을 표시할 때도 유용했다. 채권자는 채무자가 빌린 액수만큼 나무에 빗금을 새겼다. 이렇게 빗금을 새긴 나무를 '스톡Stock'이라고 불렀으며, 이를 가진 사람은 '스톡 홀더Stock holder'라고 불렀다. 요즘에야 스톡은 주식, 스톡 홀더는 주주를 의미하지만, 중세까지만 해도 채권자는 말 그대로 '빗금이 새겨진 나무를 가진' 사람이었다. 덧붙이자면 독일어로 '숫자'를 뜻하는 단어는 'Zahl'인데, 이 단어 역시 빗금이 새겨진 나무와 관련이 있다. 이 단어는 인도유럽어족의 단어 'del'에서 비롯된 것으로 빗금 새김을 의미하며, 독일어의 '빗살Delle' 또한 여기에서 유래했다.

고대의 진정한 자본가인 채권자는 여러 채무자를 거느리고 있었다. 따라서 그는 빗살이 새겨진 나무를 여럿 가지고 있었던 셈이다. 타인에게 세스테르티우스(고대 로마의 화폐 단위 – 옮긴이 주)를 얼마나 빌려주었을까? 이러한 의문은 채권자가 덧셈을 하는 계기가 되었다. 계산 과정이 다소 따분하고 지루해도 그는 기꺼이 계산을 하려 했을 것이다. 채무자와는 달리 그는 큰 숫자를 좋아했을 테니까 말이다.

손가락을 닮은 로마 숫자

로마의 숫자 체계를 살펴보면 과거에는 숫자가 어떤 식으로 쓰였는지 알아볼 수 있다. 처음 네 개의 숫자 ― I은 하나, II는 둘, III은 셋, IIII은 넷(잠시 IV가 넷을 나타낸다는 것은 잊도록 하자. 이는 비교적 최근에 생겨났으며, 지금은 혼란만 줄 뿐이다) ― 는 빗금 혹은 엄지를 제외한 다른 손가락을 쫙 편 모습을 연상케 한다. 영어권에서는 지금까지도 이러한 식의 숫자 세기를 선호한다.

위의 규칙에 따르면 다섯은 IIIII로 나타내야 마땅하겠지만, 여기서 문제가 생긴다. 한눈에 보기에 넷인 IIII와 구분하기가 힘들기 때문이다. 그래서 IIIII 대신 엄지를 뻗고 다른 손가락들을 나란히 붙인 손바닥을 연상시키는 기호 V를 사용한다. 이 기호를 통해 숫자 다섯을 한눈에 알아볼 수 있다. 마찬가지로 VI는 여섯이고, VII는 일곱, VIII는 여덟, VIIII는 아홉이다. 열, 즉 숫자 10은 손을 두 개 붙인 형태다. 따라서 먼저 V를 쓰고, 두 번째 V는 거꾸로 쓴다. 그렇게 열은 로마 숫자 X로 나타낸다.

50보다 작은 수는 이런 방식으로 나타내는 데 별 문제가 없다. 계산이 발명된 지 얼마 되지 않았을 때에는 50이 그렇게 작은 수도 아니었다. 하지만 이 방식이 언제나 간단하지는 않다.

한번 생각해 보자. 채권자가 첫 번째 채무자에게 VII 세스테르티우스를 빌려주고, 두 번째 채무자에게는 XVIII 세스테르티우스를, 세 번째 채무자에게는 XIIII 세스테르티우스를 빌려준다. 그가 빌려준 전체 금액은 XXXVIIII, 즉 39세스테르티우스다. 이를 계산하려면 상당한 노력이 필요하다. 물론 그는 이를 기꺼이 계산하고자 할 것이다. 채권자로서 얼마를 빌려주었는지, 그래서 얼마를 돌려받아야 하는지 알고 싶을 테니까 말이다.

실제로 로마시대에 이미 덧셈을 위한 계산기가 발명되었다. 인류는 계산이 얼마나 지루한 일인지 일찌감치 깨달았던 것이다. 처음에는 진주나 작은 돌을 밀어 계산했으며, 이를 '칼쿨리Calculi'라고 불렀다. '계산'을 의미하는 독일어 'Kalkül'는 여기에서 유래했다. 그 이후에는 구슬이 막대를 따라 움직이는 구조물을 발명했다. 이것이 바로 주판이다.

다시 기원전으로 돌아가 보자. 메소포타미아의 부유한 농부인 하란은 아브라함의 도시인 우르의 상인 나호르에게 소와 양을 팔아 씨앗과 직물, 건축 자재를 구매하고자 한다. 부농 하란은 하인 한 명을 동물과 함께 상인 나호르에게 보낸다. 하인이 상인에게 정확한 수의 동물을 전달할 수 있도록 농부는 하인의 편에 그가 팔고자 하는 소의 수만큼 공을, 그리고 양의 수만큼 원반을 냄비에 넣는다. 농부인 하란은 물론 숫자를 읽을 줄 모르지만, 이 경우 공과 원반이 숫자와 같은 역할을 한다. 하란은 냄비에 뚜껑을 씌우고 가장자리를 점토로 덮는다. 그리고 점토로 덮은 용기를 가열하여 냄비를 밀봉한다. 하란은 하인에게 동물과 용기를 맡기고, 하인은 우르의 상인에게 향하는 여행길에 오른다.

수일간의 여정을 거쳐 하인이 우르에 도착하면 상인 나호르는 하인에게 냄비를 건네받는다. 상인은 몇 차례의 거래 경험을 통해 그 냄비가 의미하는 바를 알고 있다. 나호르는 냄비를 돌바닥에 내려친다. 냄비는 조각나고, 공과 원반이 나온다. 이제 셈을 할 시간이다. 소 - 공, 소 - 공. 공의 수는 그에게 전달되어야 하는 소의 수를 나타낸다. 양 - 원반, 양 - 원반. 양도 마찬가지다. 만일 동물이 공이나 원반의 수보다 부족하다면 하인은 목숨으로 죄를 갚게 될 것이다. 하지만 만약 이 중 새끼를 밴 동물이 있었고, 상인에게 향하는 여정 도중에 그 동물이 새끼를 낳았다면, 냄비 안에 있는 공과 원반의 수보다 동물이 더 많을 수도 있다. 생물학과 수학의 결정적인 차이는 여기에서 나타난다. 생물학은 시간에 따라 변한다. 수학은 시간의 흐름과 상관없이 언제나 일정하다. 수학은 생물학뿐만 아니라 그 어떤 학문보다도 한결같다.

수학적 지식은 불변하지만 수학적 도구에 대한 우리의 접근은 시시각각 바뀌며, 시간이 지날수록 더 창의적으로 변모한다. 상인 나호르는 이미 늙은 하란보다 더 세련된 방법을 사용하는 농부를 알고 있다. 젊은 농부들은 냄비 대신 부호를 새긴 점토판을 가져온다. 하란의 냄비에 비교한다면 동그란 원은 공을, 수직선은 원반을 상징한다. 밀봉한 냄비 속에 담겨 있던 공이나 원반과 마찬가지로, 점토판은 일단 굽고 난 뒤에는 새겨진 부호를 쉽게 조작할 수 없다. 여기에는 또 다른 장점도 존재한다. 상인에게 가는 긴 여행 동안 하인이 상인 대신 동물의 수가 일치하는지 여부를 확인할 수 있다는 점이다.

오늘날까지도 유프라테스나 티그리스 주변 사막 국가에서 이러한 부호가 새겨진 점토판을 찾아볼 수 있다. 위의 이야기처럼 원과 직선이 아니라 쐐기처럼 생긴 설형문자이기는 하지만 말이다. 이들의 역할은 다르지 않다. 이처럼 숫자와 셈의 역할을 살펴보면 자신의 소유물을 나타내기 위한 사람들의 노력을 엿볼 수 있으며, 이는 곧 책과 숫자, 글자의 발명으로 이어졌다.

전체를 파악하는 기술, 곱셈

프랑스의 사회 사상가 장 자크 루소는 1754년 《인간 불평등 기원론》을 출판했다. 다음의 글은 바로 그 《인간 불평등 기원론》에서 발췌한 것으로, 초기 인간 사회에 대한 루소의 생각을 보여 준다.

어느 날 한 사람이 땅 한편에 울타리를 박고 말했다. "여긴 내 땅이야." 사람들은 이 말을 순순히 받아들였다. 문명사회는 이렇게 창조되었다. 수많은 범죄와 전쟁, 살인 그리고 그에 따른 고통과 공포가 사람들을 덮쳤을 것이다. 특히나 울타리를 뽑고 도랑을 메우고 이웃에게 다음처럼 외쳤던 사람들에게 말이다.

"저 사기꾼의 말을 듣지 마십시오! 이 과일은 모두의 것이고, 땅은 그 누구의 소유도 아닙니다. 이 사실을 잊는다면 우리는 패배할 것입니다!"

루소의 주장에 따르면 모두가 동등한 재산을 가진 세계는 곧 지상 낙원을 의미한다. 인류가 이런 세상에 계속 머물렀더라면 재산에 대한 어떠한 싸움도 존재하지 않았을 것이라며 루소는 불평했다. 그랬더라면 애초에 재산은 존재하지 않았을 것이다. 숫자 역시 마찬가지다. 그 누구도 무언가를 셀 필요성을 느끼지 못했을 것이기 때문이다.

최대한 많은 곡식을 수확하려면

실제로 접근이 힘든 오지에 거주하는 원시인은 재산이나 소유 개념뿐만 아니라 숫자도 알지 못한다. 이들이 셀 수 있는 숫자는 최대 셋까지다. 브라질의 원주민인 바카이리Bakairi족이나 보로로Bororo족에게 셋 이상의 나무는 그저 '많은' 나무에 불과하며, 이를 표현하기 위해 수북한 머리카락을 움켜잡곤 한다. 이런 사고방식이 낯설고 이상하게 느껴질지도 모르지만, 사실 이 방식이 우리에게 꼭 이질적인 것만은 아니다. 등산을 하거나 숲을 산책할 때를 생각해 보자. 산이나 숲에는 수많은 나무가 있지만 그 누구도 이를 세려고 하지 않는다. 나무는 우리의 소유가 아니기 때문이다. 이런 경우에는 그냥 '많다'는 표현으로도 충분하다. 오직 그 숲을 소유한 농부만이 자신의 숲에 나무가 얼마나 있는지 세기를 원할 뿐이다.

앞에서 본 것처럼 루소는 누군가 땅 한편에 직사각형으로 울타리를 박고 자신의 소유라고 공표한 순간부터 부유함과 가난함, 승자와 패자의 영원한 역사가 시작되었다고 주장한다. 하지만 이때 중요한 것은 땅의 넓이지, 그 땅을 둘러싼 울타리의 길이가 아니다.

예를 들어 보자. 여기 네 명의 농부가 있다. 이들은 각자 울타리를 세워 땅을 구분하기로 결심했다. 첫 번째 농부는 가로 7패덤(길이의 단위, 1패덤은 1.8미터이다 – 옮긴이 주), 세로 1패덤의 땅을 가졌다. 두 번째 농부는 가로 6패덤에 세로 2패덤인 땅을 가졌다. 세 번째 농부는 가로 5패덤, 세로 3패덤의 땅을 가졌다. 네 번째 농부의 땅은 정사각형으로, 가로 4패덤, 세로 4패덤의 땅을 가지고 있다. 계산해 보면 네 농부가 지닌 땅의 둘레의 길이는 모두 같다. 네 땅 모두 울타리를 세우는 데 각각 16패덤의 판자가 필요하다. 이렇게 보면 네 땅의 크기는 같아야 할 것 같다.

하지만 수확을 시작하면 첫 번째 농부는 화가 날 것이다. 이웃 농부는 그보다 더 많이, 특히 세 번째와 네 번째 농부

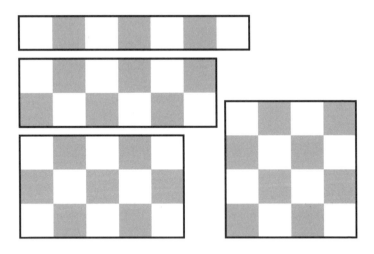

그림 2 왼쪽에는 세 종류의 땅이 있다. 첫 번째는 가로 7패덤에 세로 1패덤, 두 번째는 가로 6패덤에 세로 2패덤, 세 번째는 가로 5패덤에 세로 3패덤의 땅이다. 오른쪽 아래에는 모든 면의 길이가 4패덤인 정사각형 모양의 땅이 있다. 네 땅의 네 변 길이 합은 같지만, 넓이는 모두 다르다.

는 그보다 두 배 이상 많은 곡물을 수확할 것이기 때문이다. 그림 2를 보면 알 수 있지만 사각형의 변 길이는 수확량과 무관하다. 1 × 7, 즉 7제곱패덤의 면적을 소유한 첫 번째 농부는 상대적으로 가난할 수밖에 없다(1제곱패덤은 말 그대로 세로 1패덤, 가로 1패덤인 사각형의 넓이를 의미한다). 두 번째 농부는 6 × 2, 즉 12제곱패덤 넓이의 땅을 가지고 있다. 세 번째 농부의 땅은 5 × 3, 15제곱패덤이며, 네 번째 농부의 땅은 4 × 4, 이 경우 16제곱패덤이다. 곱셈이 중요한 이유는 바로 여기에 있다. 길이와 폭을 알고 있다면 이를 통해 사각형, 이 경우 땅의 면적을 계산할 수 있기 때문이다.

농부들은 선사시대부터 밭의 길이와 폭은 전혀 중요하지 않다는 사실을 알고 있었다. 농부에게 중요한 것은 밭의 넓이, 즉 면적이다. 면적이 넓을수록 더 많은 곡식을 수확할 수 있기 때문이다. 하지만 이처럼 땅의 길이와 폭을 묻는 문제는 교과서에서 여전히 쉽게 찾아볼 수 있다. 문제는 주로 다음과 같은 형태로 출제된다.

한 농부가 세로 30미터, 가로 10미터인 밭에 울타리를 치려고 한다. 이때 필요한 울타리의 총 길이는 얼마인가?

직접 농촌에 가보면 이 수학 문제가 얼마나 현실과 동떨어져 있는지 알 수 있다. 밭에는 울타리가 없기 때문이다. 굳이 울타리를 칠 필요도 없다. 이웃이 밭 한편을 무단으로 점거하고 있다는 의심이 들면, 다시 말해 누군가가 땅을 훔쳐 쓰고 있다면 그 땅의 주인인 농부는 곧바로 측량사를 부를 것이다. 측량사는 땅을 측량하는 사람으로, 수학을 통해 농부의 의심이 옳은지 여부를 판단해 줄 것이다. 이처럼 농업은 수학에 의존한다. 수학이 이러한 문제를 해결하는 데 탁월하기 때문이다.

헛간의 밀을 세는 법

밭의 면적과 수확량의 관계를 생각하면 짐작할 수 있겠지만, 중세의 농부들에게도 곱셈은 중요한 계산법이었다. 다음의 이야기를 보자.

오스트리아 남부의 작은 마을인 트라텐바흐의 농부가 딸을 헛간에 데려가 그 안에 얼마나 많은 밀이 보관되어 있는지 보여 준다.

"아주 많단다." 그는 자랑스럽게 말한다.

대부분은 크라니히베르크(오스트리아에 있는 성곽 – 옮긴이 주)의 주인인 영주에게 돌아가겠지만, 그중 몇 자루 정도는 그가 가질 수 있을 것이다. 그는 창고 안의 밀 자루를 세어 본다. 총 XVII 자루다. 여기서 우리는 1450년대에 있다는 사실을 기억할 필요가 있다. 당시 알프스 북쪽 지역의 사람들은 로마 숫자만 겨우 알고 있었다. 농부의 딸은 문득 궁금해진다.

"밀 한 자루 무게가 얼마나 되나요?"

딸의 질문에 농부는 자루를 저울에 달아 본다. 농부의 말에 따르면 모든 자루의 무게는 XXIII 파운드로 같다. 딸이 이어서 묻는다.

"그러면 헛간에 있는 밀의 총 무게는 얼마예요?"

농부는 진땀을 흘린다. 답을 구하기 위해서는 XVII에 XXIII를 곱해야 하는데, 그는 이런 어려운 계산은 할 수 없다.

그가 좀 더 똑똑했더라면 다른 방식으로 생각해 볼 수도 있었을 것이다. 쉽게 계산할 수 있도록 숫자를 어림하는 것이다. 가령 그가 가진 밀이 XVII 자루가 아닌 XX 자루라고 가정하자. 밀이 든 자루가 조금 더 많다고 가정하는 것이다. 대신 각 자루의 무게가 실제보다 조금 더 가벼워야 한다. 그래야 전체를 어림했을 때 양이 비슷해질 테니 말이다. 그러니 한 자루당 무게는 XXIII 파운드가 아닌 XX 파운드라고 가정하겠다. 요즘 말로 바꿔 말하자면, 농부가 가진 자루의 수를 17에서 20으로 올림하고, 자루의 무게는 23파운드에서 20파운드로 내림한 것이다. 이러면 계산은 한결 쉬워진다. 20 × 20, 로마 숫자로 XX 곱하기 XX은 트라텐바흐의 농부라도 충분히 계산할 수 있다. 그는 10 × 10, 즉 X 곱하기 X은 100이라는 정도는 알고 있다. 라틴어로 100은 '센툼centum'이며, 이를 줄인 C는 로마 숫자로 100을 의미한다. 2 × 2 = 4 이므로 XX 곱하기 XX은 CCCC로 표현할 수 있다. 따라서 농부는 대략 400파운드의 밀을 가지고 있다고 할 수 있다.

하지만 우리는 이렇게 멋지고 간단한 방식을 떠올릴 수 있는 농부가 당대에는 매우 드물었으리라는 사실을 알아둘 필요가 있다. 안타깝게도 우리의 이야기 속에 등장하는 농부는 자신이 정확히 몇 파운드의 밀가루를 가지고 있는지 알기 위해 골머리를 썩여야만 한다.

트라텐바흐의 농부들은 일요일에 교회에 가서 목사에게 조언을 청하곤 했으므로, 그는 XVII 곱하기 XXIII가 얼마인지를 알기 위해 목사를 찾아간다. 하지만 목사는 종교 문제에만 정통할 뿐, 이런 복잡한 수학 문제에 대한 답을 주지는 못한다.

하지만 그는 어디서 답을 구해야 할지를 알고 있다. 그는 농부에게 빈에 가라고 조언한다. 트라텐바흐에서 한나절이면 갈 수 있는 이 대도시의 광장에는 계산 전문가의 사무실이 있다. 그는 분명 답을 알고 있을 것이다.

실제로 중세시대에 계산 전문가는 존경받는 직업이었다. 모든 대도시에는 계산 전문가의 길드가 최소 하나 이상 활동하고 있었다. 이들 중 최고는 이탈리아에 있는 '코시스텐Cosisten'이라는 길드였다. 계산 문제를 들고 이들에게 찾아오는 고객들은 항상 "케 코사Che cosa?", 번역하자면 "답은 무엇인가요?"라고 물었다. 그 당시 미지수를 의미하던 단어 '코스Cos'는 이 질문에서 유래했다.

목사의 말을 듣고 트라텐바흐의 농부는 빈의 신시가지로 떠난다. 무언가를 사고 팔기 위해서가 아니라, 계산 전문가를 찾아가 문제의 답을 구하기 위해서였다.

"XVII에 XXIII를 곱하면 얼마인가요?"

그가 묻자, 계산 전문가는 이렇게 답한다. "2길더요."

"2길더라니, 무슨 뜻입니까?" 뜬금없는 대답에 농부가 되묻는다. 계산 전문가는 무뚝뚝하게 설명한다. "대답을 듣고 싶으면 2길더를 내시오."

농부는 큰 금액에 놀랐지만, 마지못해 동전 두 개를 주머니에서 꺼내 계산 전문가의 책상 위에 올려놓는다. 이윽고 계산 전문가는 농부에게 잠깐 나가 있으라고 요구한다. 계산 과정은 아무도 볼 수 없었다. 이 과정은 어려울 뿐만 아니라 비밀스럽기까지 했다. 농부는 빈손으로 맞은편의 게스트 하우스에 가서 계산 전문가가 결과를 받으러 오라고 할 때까지 몇 시간 동안이나 기다려야 한다.

한참 뒤, 계산 전문가가 농부를 불러 답을 알려 준다. 그의 말에 따르면 XVII에 XXIII를 곱한 값은 CCCLXXXXI라고 한다. 벙벙한 얼굴의 농부를 향해, 계산 전문가가 풀어 설명한다. 세 개의 C는 300을, L은 각지게 쓴 C로 C의 절반, 즉 50을 의미한다. 뒤에 쓰인 네 개의 X는 40을 의미했다. 따라서 300과 90. 그리고 마지막에 쓰인 하나의 I는 1을 뜻했다.

앞서 농부가 계산한 어림값인 CCCC, 현대식으로 표현하자면 400파운드는 전문가의 정확한 계산을 통해 나온 값과 고작 9파운드 밖에 차이가 나지 않으니 나쁘지 않았던 셈이다. 그러므로 대도시까지 찾아가 돈을 지불하는 것보다 어림잡아 계산하는 편이 더 현명했을 것이다.

트라텐바흐로 답을 가지고 돌아가는 농부의 기분은 영 좋지 않다. 이상하리만큼 복잡한 숫자였다. 농부는 CCCLXXXXI 가 정확히 무엇을 의미하는지 알지 못했다. 그는 계산 전문가에게 많은 돈을 지불했지만, 그가 준 답을 명확히 이해할 수 없었다. 그는 계산의 정확성을 그저 믿을 수밖에 없었다. 2길더는 제 값을 하지 못했다.

자유를 위한 기술, 나눗셈

1522년 독일 남부의 도시 밤베르크 주변에 위치한 슈타펠슈타인 출신의 계산 전문가 아담 리스Adam Ries는 《선과 깃털에 대한 계산Rechnung auf der Linien und Federn》이라는 책을 출간해 계산 전문가의 사업을 사양길로 접어들게 했다. 대중의 눈높이에 맞추어 집필된 이 책은 독일 국가에 처음으로 로마자가 아닌 다른 방법으로 숫자를 나타내는 법을 소개했다. 스페인과 이탈리아에서는 이미 알려져 있던 방법이었다.

'아무것도 없는 것'의 쓸모

이 당시 인도의 아랍인들이 소개한 숫자, 즉 1, 2, 3, 4, 5, 6, 7, 8, 9라는 아홉 개의 기호는 전혀 익숙하지 않았다. 특히 신비로웠던 것은 영, 즉 아무것도 없는 것을 의미하는 기호 '0'이었다. 이탈리아의 학자 피보나치는 교황에게 이 부호를 설명하려고 노력했지만 몰이해에 부딪힐 수밖에 없었다. 피보나치의 설명을 들은 교황은 물었다. 어떻게 이 문자가 아무것도 '없는 것'을 상징할 수 있는가? 합리적인 의심이었다. 그럼에도 불구하고 더 많은 수를 표현하기 위해서는 0이 필요했다.

1,003이라는 숫자로 예를 들어 보자. 여기에서 1과 3은 자리 값을 갖는다. 정확히 말하자면, 숫자 3은 일의 자리 값을, 1은 천의 자리 값을 갖는다. 1,003의 경우, 십의 자리와 백의 자리 값에는 아무것도 오지 않기 때문에 이 두 자리에 독특한 기호인 0을 배치했다. 이러한 수학적 지식은 이야기를 이해할 때도 중요하다. 모차르트가 작곡한 오페라 〈돈 조반니〉에 삽입된 아리아에 따르면, 돈 조반니는 스페인에서 1,003명의 여성을 유혹했다고 한다. 0이 없었더라면 그는 단지 13명의 여성을 유혹한 것이 되므로, 그의 바람둥이 경력에 큰 오점을 남기게 될

것이다.

아담 리스는 책의 첫 장 '숫자 매기기' 에서 숫자 기호와 자리 값에 대해 설명한다. 다음 장은 '덧셈'이었다. 아담 리스는 오늘날 초등학교에서 배우는 것처럼 더하고자 하는 숫자를 위아래로 적어서 자리 값에 맞추어 깔끔하게 정리했다. 그 후 어떻게 첫 번째 자리 수에서 시작하여 다음 자리로 올라가는지를 설명했다. 다음 장은 '뺄셈'이었다. 여기에서도 큰 수와 빼고자 하는 작은 수를 자리 값에 맞추어 적었다. 이처럼 아담 리스가 설명한 계산 방법은 오늘날 어린이들이 학교에서 배운 것과 크게 다르지 않았다.

그다음에는 이 책에서 가장 흥미진진한 장이 온다. 바로 '곱셈'이다. 아담 리스는 이 장에서도 마찬가지로 계산 과정을 이해하기 쉽도록 차근차근 설명했다. 이전에는 비밀로 부쳐 왔던 규칙에 따라 오직 계산 전문가만이 해낼 수 있었던 일이었지만, 아담 리스의 설명 덕분에 이제는 구구단을 익힌 사람이라면 누구나 곱셈을 할 수 있게 되었다. 물론 계산을 빠르고 실수 없이 수행하기 위해서는 연습이 필요했다. 아담 리스는 이를 위해 풍부한 연습문제를 제공했으며, 사람들은 기꺼이 계산을 연습했다. 사람들은 더 이상 검토조차 할 수 없어 맹목적으로 믿어야만 하는 결과를 받기 위해 계산 전문가에게 큰 금액을 지불할 필요가 없어졌다.

책은 곱셈에서 끝나지 않았다. 다음 장은 무려 '나눗셈'이었다. 이는 기본적인 사칙 연산 중 가장 마지막으로 소개되는 동시에 가장 어려운 문제이기도 했다. 로마자로 숫자를 쓰던 시기에 나눗셈은 오로지 계산 전문가만이 할 수 있는 예술과도 같았다. 너무 어려워서 중세에는 이 지식을 대학에서 가르칠 정도였다. 하지만 아라비아숫자가 등장하고 구구단을 통해 충분한 연습을 거치자 곧 모든 사람들이 나눗셈을 배우고 이해할 수 있게 되었다.

거래에 반드시 필요한 지식

나눗셈은 그 자체로도 중요하지만, 아담 리스가 저술한 책의 마지막 장을 이해하는 데에도 꼭 필요했다. 그 책의 최종 장에는 독일 남부 바이에른과 오스트리아에서 '최종 계산Schlussrechnung'이라고 부르는 '레굴라 디 트레Regula di tre', 즉 '비례법'이 수록되어 있었다. 이 지식은 거래를 할 때 꼭 필요하며, 그렇기 때문에 특히 사랑받았다.

'비례법' 장은 다음과 같은 문장으로 시작한다.

35엘(과거 직물을 세던 단위. 1엘은 약 115센티미터다 – 옮긴이 주)의 직물을 사기 위해서는 910크로이처(과거 남부 독일에서 사용되던 화폐 단위 – 옮긴이 주)를 지불해야 한다.

하지만 모두가 직물을 35엘 단위로만 사용하지는 않을 것이다. 바로 여기서 문제가 발생한다.

누군가가 42엘의 직물을 사고자 한다. 그렇다면 그는 얼마를 지불해야 하는가?

아담 리스가 열심히 설명한 바에 따르면, 처음에는 1엘의 직물이 얼마인지를 알기 위해 910을 35로 나누어야 한다. 그는 세심하게 계산 방법을 설명한다. 아담 리스는 910을 35로 나누면 나오는 값인 26이 바로 직물 1엘의 가격이며, 최종적으로 구해야 하는 값은 직물 42엘의 가격이므로, 여기에 42를 곱하라고 말했다. 계산은 세심하지만 영혼 없는 회계사의 업무처럼 철

저하게 규칙에 따라 이루어졌다. 결론적으로 42엘의 직물을 사려면 1,092크로이처를 내야 한다.

복잡한 계산을 쉽게 해결하는 법

앞서 말한 정석적인 계산법보다 좀 더 간단하게 답을 알 수 있는 방법이 있다. 우선 처음의 두 수 910과 35에 각각 2를 곱하는 것이다. 그러면 일의 자리가 0으로 통일되면서 숫자가 깔끔해진다. 즉 910을 1,820으로, 35를 70으로 만든 후 일의 자리에 있는 0은 무시하고 182를 7로 나누면 직물 1엘의 가격을 암산할 수 있다. 답은 26이다.

42에 26을 곱할 때도 쉽게 암산할 수 있는 방법이 존재한다. 42에 26이 아니라 25를 곱하면 된다. 25라는 숫자가 복잡하게 느껴질 수 있지만, 먼저 100을 곱한 다음 4로 나누면 쉽다. 이렇게 계산하면 1,050이 나온다. 물론 우리가 구해야 하는 값은 25를 곱한 값이 아니라 26을 곱한 값이므로 그다음에 42를 더하면 된다. 답은 1,092다. 이 또한 암산으로 쉽게 해낼 수 있다. 하지만 그는 책에서 여기까지는 설명하지 않았다. 이러한 트릭은 초보자를 헷갈리게 만들 뿐이었다.

이렇게 고지식한 방법이 아니어도 42엘의 직물이 35엘의 직물보다 5분의 1만큼 크다는 사실을 생각하면 쉽게 결과를 계산할 수 있다. 5분의 1은 백분율로 나타내면 20퍼센트다. 91에 2만 곱하면 되므로, 910에 20퍼센트를 곱한 값 또한 머릿속으로 쉽게 계산할 수 있다. 답은 182다. 따라서 42엘의 직물을 살 때는 35엘의 직물을 살 때보다 182크로이처만 더 지불하면 된다. 실제로 910크로이처에 192크로이처를 더하면 1,092크로이처가 된다.

아담 리스는 규칙을 엄격하게 지키던 사람이었으며, 지금 소개한 것 같은 다른 지름길은 그에게 익숙하지 않았을 것이다. 실제로도 많은 경우에 위와 같은 트릭을 사용할 수 있지만 모든 경우에 적용할 수 있는 것은 아니다. 융통성 없는 아담 리스의 계산 방법은 어떤 문제에도 통용된다는 장점이 있다. 당대 이탈리아에는 이미 다양한 계산 방법이 존재했다. 백분율, 즉 퍼센트는 산수에 존재하는 독특한 표현으로, 이탈리아에서 발명되었다. 이는 '페르 센토per cento'라는 단어에서 유래했는데, '100에서'라는 의미다. 백분율을 나타내는 기호인 퍼센트(%)에서 위의 원은 cento의 c를, 사선은 t를, 아래의 원은 o을 상징한다.

으스대기 좋아하는 중세의 계산 전문가는 아담 리스가 저술한 책의 성공을 막아 설 수 없었다. 《선과 깃털에 대한 계산》은 작가가 살아 있는 동안에도 100쇄 넘게 인쇄되었으며, 갓 나온 따뜻한 빵처럼 불티나게 팔렸다. 모두가 계산을 하고자 했던 이유는 계산이 흥미진진하고 재미있기 때문이 아니었다. 스스로 자신의 재산에 대해 정확히 알 수 있다는 것, 정당한 가격을 알 수 있다는 것, 남들, 특히 주머니에서 돈을 빼가는 계산 전문가에게 의지하지 않아도 된다는 사실이 가장 중요했다.

1522년 이후 계산은 생각의 독립과 자유로 향하는 첫걸음이 되었다.

2

수학을 꼭 배워야 할까

학교 수학 시간에 혹은 숙제를 하면서
끊임없이 계속되는 연습문제들을 풀다 보면
과연 이 모든 지식을 쓸 일이 생기기는 하는 걸까
하는 의문이 들기 마련이다. 기계적인 계산은
컴퓨터와 계산기가 다 해줄 텐데, 굳이 수학 문제를
풀면서 아까운 시간을 허비할 이유가 있을까?
쓸모를 의심하며 연필을 놓기 전에,
먼저 우리가 수학 시간에 무엇을 배워야 하는지
알아보자.

계산은 수학의 전부가 아니다

학교에서 수학이란 계산, 계산 그리고 또 계산을 의미한다. 때로는 그림이 있기도 하고, 때로는 컴퍼스와 자를 필요로 하는 도형이 있기도 하지만, 결국 모든 문제는 계산으로 귀결된다.

학교에서 수학을 가르치는 목표는 지나치리만큼 명확하다. 수학 수업을 통해 논리적으로 사고하는 방법을 배우고, 비판, 논증, 판단 능력을 향상시키며, 진취성, 상상력, 창의력을 향상시키는 것이다. 그뿐만 아니라 자신의 생각을 언어로 분명히 나타낼 수 있도록 표현력을 길러 주며, 과학적 사고로 이어지는 수학 활용 능력도 향상시킨다.

수학 교육의 목표는 이처럼 굉장히 다양하다. 하나하나 나열하다 보면 심하게 많고 거창할 지경이다. 그럼에도 계산과 훈련을 위한 연습 문제를 비롯해 때로는 엄마, 아빠, 삼촌, 고모, 조부모와 학원 선생님에게까지 넘어가는 숙제, 쪽지 시험, 기말 시험 등 끝없이 이어지는 수학 공부는 결국 계산으로 끝나기 마련이다.

상황이 이러다 보니 계산과 수학은 곧잘 동일시되곤 한다. 물론 이러한 비약은 당연히 사실이 아니다. 하지만 완전히 틀리다고도 할 수 없다. 수학 수업이 아니라면 도대체 언제 계산을 배우겠는가?

숫자에 환상을 가지지 말자

애초에 꼭 계산을 배워야 하는 것일까? 과거에는 계산을 위해 전문가를 찾아가야만 했지만, 현대에는 계산기라는 멋진 기계가 존재한다. 굳이 머리를 쓰지 않아도 계산기를 쓰면 1초 만에 답을 알아낼 수 있다. 왜 굳이 우리가 계산과 씨름해야 하는 걸까? 계산기가 더 빠르고, 더 정확하고, 더 효율적인데 말이다. 왜 아직도 학교에서 구구단을 배워야 할까? 짜증도 나고 화도 나겠지만, 이런 질문을 그저 내던지고 끝나서는 안 된다. 우리는 이 문제를 진지하게 고민해 봐야 한다.

손으로 하는 계산에 환상을 가질 필요는 없다. 하지만 전자계산기의 존재로 인해 우리는 트라텐바흐의 농부와 같은 방식으로 숫자를 생각한다. 중세시대의 농부와 마찬가지로 우리는 숫자의 중요성을 알기는 한다. 숫자는 우리가 가난한지 부유한지를 결정하며, 다른 사람의 결정에 도움을 주는 척도로도 사용된다. 숫자는 우리 일상의 거의 모든 일과 관련이 있다. 트라텐바흐의 농부가 자신이 보유한 밀의 양을 계산하려 했듯 우리 또한 숫자에 흥미를 가진다. 10이나 100 또는 1,000 같은 — 사업가의 경우에는 10,000이나 100,000 혹은 1,000,000까지도 — 간단한 숫자에 악감정을 갖고 있는 사람은 없다. 트라텐바흐의 농부 또한 누군가 그의 창고 안에 약 CCCC 파운드의 밀이 있다고 말해 주었다면 정확히 몇 젠트너(무게를 재는 단위로, 1젠트너는 100파운드다 – 옮긴이 주)인지 헤아려 보려 했을 것이다. 하지만 이제 숫자를 직접 계산하는 작업은 우리에게 너무 먼 이야기가 되어 버렸다.

물건을 살 때를 생각해 보자. 계산할 물건을 계산대로 가지고 가면 점원은 단말기에 계산할 물건을 입력하고 버튼을 누른다. 그러면 복잡하게 머리를 쓸 필요 없이 바로 지불해야 할 총액을 알 수 있다. 단골손님은 할인을 받기 위해서 회원 카드를 내밀고, 점원이 이를 입력하면 기계는 자동적으로 방금 계산된 총 금액에서 5퍼센트를 계산해 공제한다. 삑 소리가 나고, 화면의 총 금액이 약간 적어진다. 이것으로도 충분하다. 손님은 지폐 몇 장을 내민다. 점원은 받은 지폐의 금액을 기계에 입력한다. 곧 거슬러 주어야 할 금액이 화면에 표시된다.

조금 더 복잡할 수는 있겠지만, 이는 큰 거래에서도 똑같이 적용된다. 감사원이나 세무서에서 세금을 계산할 때, 회사나 국가 단위의 예산을 다룰 때도 마찬가지로 계산기를 쓰는 편이 훨씬 실용적이다. 얼마나 현명한 일인가. 계산은 이미 우리 손을 떠나갔다.

사람들은 계산에서 이미 멀어졌다. 덕분에 우리는 자주 이런 일을 경험하곤 한다. 손님이 계산대의 단말기를 쳐다본다. 그는 56.73유로를 내야 한다. 손님은 50유로와 10유로짜리 지폐를 꺼낸다. 점원이 기계에 60유로를 입력한다. 디스플레이에 거스름돈의 액수가 표시된다. 3.27유로다. 갑자기 손님이 말한다. "잠시만요, 저 73센트 있어요." 대부분의 경우 점원은 이에 약간 짜증을 내거나 불안한 얼굴을 한다. 돌아오는 대답은 대부분 이렇다. "제가 이미 거스름돈을 준비해서요."

계산과 씨름하는 것은 불편하다. 어렵지는 않지만 틀릴 위험성을 안고 있기 때문이다. 사람은 계산 실수를 할 수도 있다. 기계는 절대 실수하지 않는다. 점원이 느끼는 불안감을 충분히 이해할 수 있는 상황이다.

수학자 가우스가 아홉 살에 떠올린 계산법

복잡한 계산을 대신해 줄 컴퓨터와 전자계산기의 존재에도 불구하고 학교는 계산 수업을 없애지 않는다. 그래서도 안 된다. 우리는 계산이 수학의 전부가 아니라는 사실을 명심할 필요가 있다. 물론 계산이 수학의 영역에 속하기는 한다. 음악에 비유하자면, 모차르트의 소나타나 프렐류드, 바흐의 평균율 클라비어 전곡의 푸가를 연주하기 위해 단조롭고 따분한 피아노 음계 연습이 필요한 것과 마찬가지다. 물론 이미 피아노 연주에

능숙한 피아니스트는 음계 연습을 할 필요가 없다. 하지만 이제 막 체르니의 연습곡이나 쇼팽의 에튀드를 연습하는 사람이라면 또 다를 것이다. 마찬가지로 수학 전문가는 회계사처럼 계산에 매달리지는 않는다.

학생들에게는 실망스러운 일이겠지만 학교 수학 시간에는 반드시 계산을 가르쳐야 한다. 음악 수업에 음계 연습이 있는 것과 마찬가지로, 수학에는 계산이 포함되어 있기 때문이다. 수학 수업은 계산 없이 진행될 수 없다. 계산이 수학의 기반이 되기 때문이다. 계산은 수학적 재능을 꽃피우기 위한 밑거름이자, 수학적 법칙과 씨름하기 위해 필수 불가결한 단계다. 손꼽히는 수학자인 카를 프리드리히 가우스Carl Friedrich Gauß에 대해서 들어본 적이 있을 것이다. 놀랍게 느껴질 수도 있겠지만 가우스는 아주 어린 시절부터 계산을 좋아했다고 한다. 그의 아버지는 작은 보험회사의 비서이자 회계 담당자였는데, 가우스는 말을 떼기도 전부터 아빠가 종이와 연필을 들고 계산하는 모습을 구경하고는 했다. 어린 가우스는 아빠가 쓴 숫자를 가만히 살펴보다 잘못 계산한 것을 발견하면 울거나 작은 막대기로 책상을 쳤다고 한다.

오스트리아의 소설가 다니엘 켈만Daniel Kehlmann이 저술한 책 《세계를 재다》를 읽어 보면 고작 아홉 살이었던 가우스가 브라운슈바이크의 학교에서 수학 문제를 어떻게 풀었는지 엿볼 수 있다. 당시 수학을 가르치던 선생님은 아이들에게 1부터 100까지의 수를 모두 더하라는 문제를 냈다. 아이들은 각자의 칠판에 문제를 풀기 시작했다. 이때의 칠판은 말하자면 오늘날의 공책이나 태블릿PC의 선조 격 되는 물건인데, 액정에 쓰는 것과 마찬가지로 분필로 쓰고 문질러서 지울 수 있었다. 선생님은 아이들이 적어도 삼십 분은 고민할 것이며, 대부분은 잘못 계산하리라고 예상했다. 그렇기 때문에 문제를 낸 지 얼마 되지 않아 어린 가우스가 자신의 칠판을 가져왔을 때 그는 놀랄 수밖에 없었다. 가우스의 칠판에는 오차 없는 정확한 답이, 5,050이라는 숫자가 쓰여 있었다.

아마 가우스는 이전부터 재미로 이런 계산을 해보았을 것이다. 1부터 100까지 더하는 데에는 오래 걸리지 않는다. 1은 100과, 2는 99와, 3은 98과 짝을 짓는 식으로 제일 첫 번째 수와 제일 마지막 수를 순서대로 나란히 적은 뒤 짝지어 더하면 되기 때문이다.

$$1 + 100$$

$$2 + 99$$

$$3 + 98$$

$$\dots$$

$$50 + 51$$

그러면 이런 식으로 총 50개의 덧셈 식이 만들어진다. 이 짝의 합은 보다시피 모두 101이다. 따라서 101에 50을 곱하면 가우스가 말한 답인 5,050을 얻을 수 있다.

이런 예술적인 방법을 떠올릴 수 있을 정도로 수학적 재능이 풍부한 아홉 살짜리는 많지 않다. 하지만 그럼에도 재능 있는 아이들은 많다. 이들은 지루하게만 보이는 계산에서 작은 규칙들을 발견하며 즐거움을 느끼곤 한다. 영특한 머리를 가진 아이들은 어떻게 보면 가우스의 후손이라고 할 수 있다.

어쨌거나 가우스를 지도했던 선생님은 자신이 이 작은 소년에게 더 이상 수학을 가르칠 수 없다는 사실을 알아차렸다. 아홉 살 가우스가 가진 숫자에 대한 지식과 능숙한 계산 능력은 이미 그를 넘어선 지 오래였다. 선생님은 가우스에게 개인 교습 선생님을 붙여 주고, 어린 나이에 고등학교에 진학할 수 있도록 최선을 다해 도왔다.

단조로운 계산 속에 숨어 있는 재미

그렇다고 모두가 가우스처럼 간단하고 손쉽게 계산을 정복할 수 있다는 뜻은 아니다. 다시 원래의 이야기로 돌아가, 왜 계산기가 있는데도 계산을 배우고 연습해야 하는지 알아보자.

계산 연습이 지루하고 따분할 수는 있다. 실제로도 계산을 할 때 언제나 가우스처럼 놀라운 창의력을 발휘할 필요는 없으며, 대체로 정확한 답을 낼 수만 있으면 된다. 하지만 그 지루한 계산 과정 가운데서도 조금만 주의를 기울이면 흥미로운 부분을 발견할 수 있다.

곱셈을 좀 더 살펴보도록 하자. 가령 기본적인 구구단만 면밀히 뜯어보더라도 어떤 숫자의 배수에 숨겨진 규칙을 발견할 수 있다. 7단을 예로 들어 보자.

$$7 \times 1 = 7$$
$$7 \times 2 = 14$$
$$7 \times 3 = 21$$
$$7 \times 4 = 28$$
$$7 \times 5 = 35$$

$$7 \times 6 = 42$$
$$7 \times 7 = 49$$
$$7 \times 8 = 56$$
$$7 \times 9 = 63$$
$$7 \times 10 = 70$$

7에 3을 곱한 값인 21에서는 일의 자리에 1이 온다. 7에 6을 곱한 값인 42에서는 일의 자리에 2가 온다. 7에 9를 곱한 값인 63에는 일의 자리에 3이 온다. 14에서는 일의 자리에 4가 온다. 순서를 다소 꼬아 설명하기는 했지만, 7단의 일의 자리를 보면 겹치는 숫자가 하나도 없다. 이러한 패턴은 계속해서 반복된다. 일의 자리에 오는 수를 통해 어떤 수가 7의 배수인지 아닌지 짐작해 보는 연습은 숫자와 친숙해지기에 좋은 방법이다. 9나 3의 배수도 마찬가지다.

이러한 사소한 발견은 지루한 계산을 이어나갈 의욕을 심어 준다. 그러다 보면 질문은 다양한 길로 뻗어나간다. 왜 일의 자리 숫자를 통해 2, 4, 5, 6 혹은 8의 배수를 찾아낼 수 없을까? 초등학교 수학에서도 다루어지는 이런 문제는 이미 계산으로서의 수학을 넘어선다.

또는 계산 연습을 무의미하게 만드는 계산기가 새로운 질문을 던지기도 한다. 우선 계산기에 무작위로 세 자리 숫자를 입력해 보자. 나는 729를 입력했다. 그리고는 똑같은 숫자를 한 번 더 입력해서 여섯 자리 숫자를 만든다. 그러면 입력된 숫자는 729,729가 될 것이다. 이제 이 숫자를 11로 나누어 보자. 그러면 소수점이 없는 수, 즉 자연수인 답이 나올 것이다. 그다음 이 수를 다시 한번 13으로 나누어 보자. 다시 자연수가 나타난다. 이번에는 이렇게 나온 수를 7로 나누어 보자. 이번에도 자연수가 나온다!

내가 아무렇게나 입력한 숫자 729,729를 11로 나누면 66,339가 나온다. 이를 13으로 나누면 5,103이 나오고, 5,103을 다시 한번 7로 나누면 처음에 입력했던 숫자인 729가 나온다. 마법 같아 보이지만 진짜 마법은 아니다. 만약 여러분이 이에 대한 비밀을 알고 있다면 — 약간 과장된 말이기는 하지만 — 이미 수학 천재로 가는 길에 한 발짝 다가간 셈이다.

계산은 딱딱하고 메마른 과정처럼 보이지만, 조금 더 꼼꼼히 살펴보면 올바른 과정 속에서 도출되는 질문과 톡톡 튀는 발견으로 아름답게 꾸며져 있다. 계산은 선택을 위한 도구이며, 즐거움을 위한 장치다.

수학에서 즐거움을 느낄 수 있다니. 이런 생각이 낯설게 느껴질지도 모르겠다. 하지만 만일 수학에 대한 열정이 없다고 해도 잘못된 것은 아니다. 누군가는 수학을 싫어하거나 수학에 관심이 없을 수도 있다. 운동을 싫어하거나 근력이 평균보다 부족한 사람이 있는 것과 마찬가지다. 하지만 무언가를 발견하고자 하는 마음도 없으며, 수학이 목적을 달성하기 위해 필요한 도구라고 생각하지 않는 학생도 계산을 배울 필요가 있다. 계산은 미래의 삶과 앞으로의 장래를 위해서도 반드시 필요한 도구이기 때문이다.

모두가 수학자가 될 필요는 없다

모두가 온 힘과 열정을 다해 수학의 비밀을 파고들 수는 없다. 수학을 사랑하는 사람들의 귀에는 이상하게 들리겠지만, 세상에는 수학이라는 말만 들어도 싫증을 내는 사람이 있다. 어쩌면 이런 반응을 보이는 사람들이 더 많을 것이다! 이들은 학교에서 수학을 너무 많이 가르치며 아이들에게 불필요하게 많은 것을 요구한다고 여긴다. 학교를 졸업하고 나면 도무지 써먹을 곳이 없는 지식을 가르친다고 말이다.

곰곰이 생각해 보자. 이들의 주장이 단지 수학에 대한 싫증에서 비롯된 투정에 불과한 것일까?

음악과 외국어 그리고 수학

어쩌면 학교 수학 시간에 너무 많은 것을 가르친다는 말이 옳을지도 모른다. 이에 대해 진지하게 생각해 보자.

다른 학과목과 비교하는 것이 도움이 될지도 모르겠다. 어른들은 아이들에게 수학의 필요성을 강조하며, 수학을 공부하라고 요구한다. 또한 장차 아이들이 직면할 현대 사회의 요구를 잘 아는 어른들은 외국어, 적어도 영어는 꼭 배워 두라고 말한다. 여기에 한 가지 더 덧붙이자면, 모차르트의 고향인 오스트리아에서는 전통적으로 학교에서 음악을 가르친다.

우선 영어에 대해 먼저 생각해 보자. 어릴 때부터 영어를 배우는 과정을 반대하는 의견은 한결같다. 반대론자들은 영어의 경우 아주 어린 시절부터 배우지 않으면 완벽하게 구사하기 어려우며, 특별한 언어적 재능이 있어야만 성공할 수 있다고 말한다. 여기에서는 매우 한정된 어휘와 단순한 형식으로 이루어진 회화용 영어와 문법적 형식을 엄격히 지켜 사용하는 영어를 구분해야 한다. 물론 학교에서 문법적으로 완벽한 영어를 쓰고 말할 수 있는 수준의 고급 영어를 가르친다고 해서 모든 아이들이 수업을 성공적으로 따라올 수는 없을 것이다.

이런 고급 수업이 반드시 필요한 것도 아니다. 어린 시절부터 독일어, 프랑스어, 영어를 구사할 수 있었던 미국의 언어학자 조지 스타이너George Steiner 는 영어의 세계적인 성공을 나타내는 멋진 그림을 그린 바 있다. 이는 동시에 영어가 아닌 다른 언어의 슬픈 패배를 나타내기도 한다. 일본인 파일럿이 운행하는 비행기가 모로코 공항 타워 위를 돌고 있다. 지상 직원과 하늘 위의 파일럿은 어떤 언어로 대화해야 할까? 당연히 영어지! 하지만 조지 스타이너는 여기에 불신에 찬 목소리로 되묻는다. "영어로요?"

뭐, 비행기 안 승객들이 안전하다면야.

이때 듣고 읽는 수동적인 언어 능력과 직접 말하거나 글을 쓰는 능동적인 언어 능력의 차이에 주의해야 한다. 문법적으로는 엉망으로 말하더라도, 까다로운 영어 문장은 문제없이 읽을 수 있는 사람들도 많다.

그렇다면 이제 음악에 대해 생각해 보자. 클래식 음악을 사랑하고 막힘없이 악보를 읽을 수 있으며 이를 피아노로 곧장 칠 수 있을 만큼 음악적 이해가 깊은 사람들만 필하모닉 콘서트에 갈 수 있다면, 콘서트홀에 앉을 수 있는 사람은 정말 드물 것이다. 그리고 실제로도 악보를 읽을 수 있거나 피아노를 칠 수 있는 사람만 음악에 감명을 받을 수 있는 것도 아니다. 학교에서의 음악 수업도 마찬가지다. 학교의 음악 선생님들은 음악가가 될 수 있을 만큼 뛰어난 재능을 가진 학생은 소수에 불과하다는 사실을 잘 알고 있다. 그렇기에 학교에서의 훌륭한 음악 수업은 경이로운 작곡가의 위대한 명작을 제대로 감상하는 법이나 음악에서 찾아볼 수 있는 작곡가의 성격, 이러한 음악이 발생할 수 있었던 시대적 배경에 대해 가르치는 데 집중한다.

교실에 앉아 있는 아이들 중 음악적 재능의 씨앗을 가진 아이가 있는데 음악 선생님이 이를 무심코 지나쳤다면 이러한 실패는 지탄받아 마땅하다. 만일 어떤 아이가 청중 앞에서 발표할 합창곡을 연습하는 대신 음악을 만드는 데 관심을 보인다면, 그 아이는 특별하게 다루어져야 한다. 하지만 이는 모든 아이들에게 해당되지 않는다. 이는 오로지 음악에 대한 특별한 열정과 작곡에 특별한 재능이 있는 아이에게만 해당된다.

음악적 재능이 있든 없든 상관없이 모두가 피아노 건반 앞에 앉아 음계 연습을 해야 한다면 아이들은 음악 수업에 대한 이야기만 들어도 머리카락이 쭈뼛 설 만큼 두려워 할 것이다. 가장 기본적인 C 장조 정도는 손가락이 뻐근해질 정도로 열심히 연습한다면 실수 없이 연주할 수 있겠지만, 특별한 운지법을 필요로 하는 B 장조나 B 단조처럼 많은 사람들을 평생 괴롭히고, 일부는 이해할 수조차 없는 부분까지 연습해야 한다면 엄청나게 끔찍할 것이다.

음악 수업에서 아무리 음계 연습에 목을 매어 봤자 그 과정을 끝까지 버텨 낼 수 있는 사람은 소수에 불과하다. 모두가 모차르트의 소나타 파실Sonata facile 을 ― 파실은 프랑스어로 쉽다는 의미인데, 이 소나타를 한번 들어 보면 누가 봐도 적합한 표현이 아님을 알 수 있을 것이다 ― 연주하도록 가르칠 수는 없다. 이런 강요가 계속된다면 아이들은 소나타를 들으려 하지도 않을 것이다. 다른 위대한 작곡가의 작품도 마찬가지다. 학교를 졸업하고 나면 음악이라는 단어만 들어도 음계 연습과 의미 없는 손가락 움직임만을 떠올릴 것이다. 학교의 음악 수업이 이렇게나 악몽 같다면 누구도 음악을 좋아하지 않을 것이고, 결국 콘서트홀은 텅 비게 될 것이다.

러시아계 미국인 수학자 에드워드 프렌켈Edward Frenkel은 《사랑과 수학Love and Math》이라는 책에서 다음과 같이 말한다. 지금 학교에서 이루어지고 있는 수학 수업은 참을 수 없는 음악 수업처럼 끔찍하며, 받아들일 수 없을 정도라고 말이다. 이 책에서 프렌켈은 음악 대신 미술 수업을 예시로 들어 수학 수업의 끔찍함을 설명한다.

학교에서 미술 수업을 듣는다고 가정해 보자. 그런데 그 미술 수업에서 오로지 울타리를 칠하는 법만 가르친다. 학생들은 레오나르도 다빈치나 피카소의 그림을 본 적도, 볼 기회도 없다. 이러한 상황에서 어떻게 미술에 대한 사랑을 키워나갈 수 있겠는가? 어떻게 미술을 더 배우고 싶다는 소망을 품을 수 있겠는가? 나는 이것이 불가능하다고 생각한다. 누군가는 이렇게 말할지도 모르겠다.

"학교에서의 미술 수업은 완전 시간 낭비예요. 울타리를 칠해야 한다면 어차피 전문가에게 맡겨야 하잖아요."

당연히 말도 안 되는 소리다. 하지만 수학을 가르치는 방식은 예시로 든 미술 수업과 똑같다. 그렇기에 많은 사람들이 수학 공부가 죽을 만큼 지루하다고 생각하는 것이다. 거장의 그림은 사람들이 미술에 다가갈 수 있게 하는 문이 되는데, 거장의 수학은 우리 앞에 놓인 장벽이 된다.

우리가 수학에서 배워야 하는 것들

수학을 영어나 음악, 미술과 비교해 보면 우리가 수학을 대하는 관점을 다시 생각하게 된다. 과연 수학 시간에 무턱대고 계산 문제만 붙잡고 있는 것이 정말 인생을 살아가는 데 도움이 될까? 앞서 살펴본 것처럼 학교에서 배우는 학문에 접근하는 방법은 다양하다. 이를 바탕으로 생각해 보면 우리가 학교 수학 시간에 배워야 하는, 또는 학교에서 가르쳐야 하는 수학이 어떤 것인지 짐작할 수 있다.

수학은 우리가 현대 사회를 살아갈 수 있도록 도와주는 기술이다. 세상에는 디지털 데이터와 알고리즘, 다양한 기술이 서로 얽혀 있으며, 이는 모두 수학으로 귀결된다. 이런 관점에서 수학은 현대의 국제 표준 언어라 할 수 있다. 외국어로 스스로를 표현하고 타인의 언어를, 궁극적으로는 현대 사회를 이해할 수 있을 만큼 배워야 하는 것처럼 수학도 같은 관점으로 접근해야 한다.

물론 수학 지식을 잘 습득했는지 여부는 시험을 통해 평가할 수밖에 없다. 하지만 학교의 수학 시험은 특별한 재능을 요구하지 않는다. 수업에 집중하고, 근면하게 연습하면 간단한 연습 문제는 무리 없이 풀어 낼 수 있다. 학교의 시험 문제를 푸는 데는 특별한 능력이 필요하지 않다. 특별한 재능을 가진 아이를 찾기 위한 시험이 아니기 때문이다. 단지 쓸모 있는 지식과 능력을 제대로 습득했는지 여부를 확인할 뿐이다.

오로지 울타리 칠하는 법만 가르치는 미술 수업을 떠올려 보자. 에드워드 프렌켈은 수학의 기술적인 가르침만을 지나치게 강조하는 상황을 경고했다. 그 지루한 배움의 과정이 수학 전체를 나타내는 것처럼 보여서는 안 된다는 것이다.

안타깝게도 학생들이 배우는 교육 과정을 만드는 사람들은 이 경고를 자주 잊어버리는 것 같다. 학력을 평가해야만 하는 사람들은 이런 유혹에 빠지기가 쉽다. 기술적인 부분에만 집중하면 무엇을 어떻게 가르치고 연습시키며 어떤 문제를 시험에 출제해야 하는지가 명확하기 때문이다.

하지만 명심하자. 수학은 지루한 계산 연습의 반복이 아니다. 계산은 단지 수학적인 지식을 얻기 위한 징검다리에 불과할 뿐이다. 지루하고 단조로운 계산 문제에 진절머리 치며 수학이라는 학문을 내던져서는 안 된다.

셰익스피어를 읽듯 수학을 감상한다면

수학은 언제나 우리 인류의 역사에 영향을 미쳐 왔으며, 나날이 그 영향력을 키워 나가고 있다. 수학 수업을 통해 우리는 위대한 수학자의 업적을 접할 수 있다. 그들이 고안해 낸 공식을 익히고 읽는 작업을 통해서 말이다. 천재적인 발상이 담겨 있는 공식은 음악의 거장이 만들어 낸, 심금을 울리는 선율을 담은 악보와 같다.

오늘날에도 스스로 공식을 세우고 전문적인 수학자나 수학 전공자처럼 공식을 활용해 보라는 시험 문제가 출제되기는 한다. 그러나 이는 학생들에게 지나치게 많은 것을 바라는 어른들의 욕심이다. 음악이나 미술과 마찬가지로, 엄청난 수학적 재능을 가지지 않은 아이들은 이러한 문제를 통해 배울 수 있는 지식이 한정되어 있다. 공식을 자유자재로 변형시키는 연습도 좋지만 그보다는 공식의 내용을 제대로 이해하는 것이 먼저다.

외국어와 문학에 대한 재능이 없다면 영어 시간에 엄청난 산문이나 시를 써낼 수는 없다. 하지만 글을 읽고 이해하며 줄리엣의 말에 젖어 드는 경험을 하는 것은 가능하다.

My bounty is as boundless as the sea, my love as deep; the more I give to thee, the more I have, for both are infinite.

저의 너그러움은 바다처럼 무한하고, 저의 사랑은 바다처럼 깊답니다. 당신에게 줄수록 저는 더 많은 것을 얻고, 이는 무한히 반복되겠지요.

모두에게 셰익스피어처럼 천재적인 글을 쓰라고 요구하는 것은 잔인무도한 일이다. 반대로 영어 수업에서 오직 실생활에서 사용할 수 있는 영어에만 초점을 맞추어, 어린 시절에 훌륭한 글을 접할 기회를 박탈하는 것도 마찬가지다.

줄리엣의 대사 속에 등장하는 단어 'infinite'는 수학에서 무한을 의미한다. 훌륭한 수학 수업은 학생들에게 수학이 무한의 학문임을 알려 주고, 이 무한한 지식의 고리를 통해 얻을 수 있는 즐거움을 경험하게 해주어야 한다. 당연한 말이지만, 모두가 위대한 수학 거장이 되기를 기대해서는 안 된다. 그저 거장의 생각을 조금이나마 이해하고 그에서 약간의 즐거움을 느낄 수 있다면 그걸로 충분하다.

다른 학문의 토대가 되는 수학

때로는 실용적인 지식을 습득하고 거장의 생각을 그저 감상하는 것만으로는 만족하지 못하는, 수학적인 지식에 목말라하는 재능 있는 아이들도 존재한다. 그렇기 때문에 훌륭한 수학 수업에는 또 다른 요소가 필요하다. 이를 통해 재능이 풍부하고 수학적 지식에 목마른 아이들에게 학문으로 향하는 문을 열어 줄 수 있으며, 더 먼 곳까지 바라보기 위한 발판을 마련해 줄 수 있다.

뉴턴이 수학을 통해 지구를 도는 달의 움직임을 이해할 수 있었다는 사례는 이에 대한 좋은 예시다. 다음 장에서 살펴보겠지만, 뉴턴은 미분이라는 수학의 새로운 분야를 만들어 냄으로써 달의 궤도를 계산해 냈다. 여기에서 한 발짝 더 나아가는 것 역시 일반 교육의 일부로서, 모든 학생들은 이를 배울 필요가 있다.

하지만 학교에서의 수학 수업은 학생들에게 세세한 계산 기술만을 가르치려는 경우가 대부분이다. 미분 문제를 푸는 법을 가르치고 자주 시험에 출제 되는 소위 '곡선 문제' 만을 강조해 봐야, 미래에는 더 이상 수학에 관련 없는 삶을 살게 될 이들에게는 쓸모가 없는 지식이다.

어쨌거나 학교에서 어떤 수학을 가르치고 배우며, 또 어떤 수학을 배제할 것인지는 영원히 어려운 문제로 남을 것이다. 수학이라는 학문을 제대로 이해하기 위해서는 무한한 심연 저 깊은 곳까지 들어가야 하기 때문이다. 정말 수학에 관심 있고, 적성에도 맞는 사람만이 이러한 비밀을 파고들 수 있다. 그리고 이러한 관심이 강제되어서는 안 된다. 수학에 재능이 없다고 느끼는 것 또한 절대 수치스러운 일이 아니다. 악보를 보고 피아노를 연주할 수 없거나 영어로 시를 지을 수 없다고 말하는 것이 뭐 그리 큰 수치가 된단 말인가.

물론 경제적 관점에서 보자면 더 많은 아이들이 수학 수업을 즐기고 자발적으로 수학에 헌신하기를 바라는 것도 무리는 아니다. 수학 공부가 단순히 개인적인 행복과 관련이 있기 때문만은 아니다. 미래에는 수학 공부를 통해 쌓아 올린 토대가 삶의 질을 높이는 데 큰 도움을 주기 때문이다.

자주적인 생각을 길러 주는 계산

1798년 프랑스 혁명으로 현대 민주주의 시발점이 된 프랑스는 당시 '자유Liberté, 평등Égalité, 박애Fraternité'를 표어로 삼았다. 여기에서 자유는 가장 처음으로 오는 단어이자 가장 중요한 단어이기도 하다. 이는 부패한 왕정 아래서 고통받으며 새 시대를 부르짖던 사람들의 요청에서 비롯되었다. 이들은 새로운 세상에서 모든 사람들이 어떤 생각을 하고 어떤 공동체에 속해 있든 상관없이 개인이 가진 재량에 따라 원하는 것을 이룰 수 있기를 바랐다.

프랑스의 표어처럼, 모든 사람들은 자신이 원하는 행복을 이룰 자유를 갖는다. 하지만 이러한 자유를 거저 얻을 수는 없다. 프랑스 혁명과 거의 같은 시기에 전 유럽에 유행하던 사조인 계몽주의의 시작점이 바로 '자유'다. 독립과 성숙의 길로 가기 위해서는 먼저 독립과 성숙에 반드시 필요한 것들을 '알아야' 했다.

현재의 오스트리아와 헝가리를 포함하는 영토를 다스렸던 합스부르크 왕가의 마지막 군주 마리아 테레지아는 1774년 일반 학교 규정에 서명했다. 이후 지금의 초등학교에 해당하는 학교가 전국에 세워졌고, 모든 국민에게는 교육의 의무가 부과되었다. 이는 궁극적으로 국가를 더욱 풍요롭게 하기 위함이었다. 모두가 글을 읽고 쓰고 또 숫자를 계산할 수 있다면 백성들은 지금보다 더 가치 있는 일을 할 수 있을 것이고, 관리자 역시 이들을 더 효율적으로 관리할 수 있을 테니 말이다.

모두가 학교에 간다면 평범한 사람들은 그들보다 고작 아주 조금 더 알고 있는 사람들에게 의존할 필요가 없다. 이렇게 본다면 배움은 단지 의무가 아니라, 개인의 행복을 추구할 수 있는 자유로의 첫 걸음이라 할 수 있다.

마음을 다해 배우는 법

이전 장에서 다루었던 트라텐바흐의 농부의 예를 떠올려 보자. 그는 생활을 영위하기 위해 크라니히베르크의 영주에게 의존해야만 했다. 그가 가진 재산이 엄청 많은 것은 아니었지만, 지금으로 보자면 아주 간단한 계산도 직접 해낼 수 없었기 때문에 자신의 재산을 파악할 수조차 없었다. 계산이 필요하다면 아주 간단한 덧셈과 뺄셈일지라도 계산 전문가를 찾아가야 했다. 심지어 그 결과를 얻기 위해서는 적지 않은 돈을 지불해야 했으며, 그저 믿는 것 외에는 도리가 없는 이해 불가능한 결과를 들고 집에 돌아올 수밖에 없었다.

오늘날의 컴퓨터는 말하자면 중세의 계산 전문가나 다름없다. 우리가 질문을 던지면 계산기와 컴퓨터는 답을 알려 준다. 그럼에도 계산기나 컴퓨터를 사용하지 않고서는 계산의 답을 알아낼 수 없다면 우리는 기계가 어떤 식으로든 자비를 베풀기를 바랄 수밖에 없다. 마찬가지로 학교에서 계산을 배우지 않는다면 곧 개인의 자유를 침해하고 계몽을 포기하는 것을 의미한다. 무책임하기 그지없는 일이다.

이는 단순히 구구단뿐만 아니라 그 이상의 지식을 배우고 연습하는 데에도 적용된다. 머릿속에 있는 것을 활용할 수 있는 것은 좋은 일이다. 영어권에서는 '암기하다'는 의미로 'to learn by heart'라는 표현을 사용한다. 무척 아름답고 고무적인 관용구다. 단지 머리뿐만 아니라, 몸 전체, 마음까지 모두 구구단을 숙달하는 것처럼 느껴지지 않는가.

하지만 구구단 같은 단순 지식을 넘어 '그 이상'에 대한 경계선은 어디에 두어야 할까?

계산기 없이 생각하기

만약 누군가 17에 23을 곱한 값을 알기 위해 계산기를 집는다면 아무도 그를 비난하지 않을 것이다. 하지만 어림잡아 계산하는 정도는 누구나 할 수 있어야 한다. 20에 20을 곱해 17을 20으로 올리고, 23을 20으로 내림하여, 20 곱하기 20으로 간략화한 다음 그 값을 400으로 어림잡는 것 말이다.

누군가 91유로짜리 직물을 사려 하는데 정해진 양보다 5분의 1, 즉 20퍼센트가 더 필요하다면 최종적으로 얼마를 지불해야 할까? 물론 지금은 계산기 버튼 몇 개를 누르는 것만으로도 쉽게 답을 알 수 있다. 하지만 솔직히 인정하자. 91 같은 수에 20퍼센트를 곱하는 일은 사실 암산으로도 해낼 수 있다. 계산기를 사용하는 이유는 오직 편리함을 추구하기 위해서다.

물론 314.2 나누기 27.13처럼 소수점 아래까지 계산해야 하는 복잡한 문제를 암산으로 해낼 수 있는 사람은 많지 않다. 하지만 나눗셈(혹은 뺄셈)을 할 때 양변에 모두 내림을 하거나 올림을 하는 방법은 추천할 만하다.

내림을 예로 들어 보자. 314.2를 27.13으로 나누는 대신, 314.2를 300으로 내림하고 27.13을 25로 내림하여 최종적으로 300을 25로 나누는 것이다. 25로 나누는 일이 복잡하게 느껴지겠지만, 이는 300을 100으로 나눈 뒤에 4를 곱하면 된다. 이렇게 어림하여 계산한 값은 12이다.

이번에는 올림으로 다시 계산해 보자. 314.2를 330으로, 27.13을 30으로 올림하여 계산하는 것이다. 이렇게 어림한 값은 11이다. 심지어 내림으로 계산할 때보다 암산도 더 쉽다.

원래의 숫자대로 계산하여 소수점 두 자리까지 나타낸 정확한 답은 11.58으로, 어림잡은 값인 11과 12 사이에 위치한다. 이 정도 정확도라면 어림한 계산도 믿어 볼 만하다. 마지막으로 계산을 검산하는 것도 이 과정의 재미라고 할 수 있다.

'그 이상'은 계산기가 내놓은 답을 맹목적으로 믿지 않아도 될 만큼 충분해야 한다. 계산기 없이도 충분한 답을 낼 수 있도록 자유롭게 사고할 수 있어야 하기 때문이다.

3

세상의 이치를
설명하는 수학

과학은 세상의 이치를 탐구하는 학문이다.
일찍이 갈릴레오 갈릴레이 역시 이를 두고
"우주는 수학이라는 언어로 쓰여 있다"는 말을
남기기도 했다. 이처럼 수학은 우리를 둘러싼 세상을
이해하는 데 꼭 필요한 학문이다. 그렇다면
애초에 학자들은 어떻게 수학을 통해
과학적 사실을 밝혀낼 수 있었을까?

중력장, 지극히 수학적인 발상

1970년대 오스트리아는 텔레비전의 황금기였다. 당시 방송계에는 알프레드 파이르라이트너Alfred Payrleitner라는 유명한 저널리스트가 있었다. 그는 늘 정직하고 정확한 조사를 바탕으로 세련된 언어를 사용함으로써 사회적으로도 긍정적인 영향을 미쳤다. 하지만 1974년 1월 23일, 한 사건으로 인해 그를 빛내 주던 특별함은 사라지고 말았다.

이날 밤, 그는 당시 유명인이었던 유리 겔러를 방송에 초

대했다. 유리 겔러는 초능력이 깃든 손으로 부드럽게 물건들을 매만져 숟가락을 구부리고 시계를 멈추었고, 이는 전국에 그대로 중계되었다. 알프레드 파이르라이트너는 흥분한 목소리로 기적의 초능력자가 등장했다고 알렸다. 그리고 텔레비전을 시청하고 있는 수많은 대중에게 발표했다. 그의 말은 숨 쉴 틈도 없을 만큼 빨랐다.

"여러분들은 물리적으로 설명이 불가능한 현상의 목격자입니다!"

알프레드 파이르라이트너는 초능력자가 믿을 수 없는 '에너지'를 가진 것과 믿을 수 없는 '힘'을 가진 것이 같다고 생각한 것 같았다. 그는 잔뜩 흥분해서 '힘'과 '에너지'라는 단어를 자꾸만 혼용했다. 용어를 주의 깊게 사용하기로 유명하던 편집부는 고등학교에서 들은 물리 수업을 잊은 것이 확실했다. 그들이 물리 수업을 제대로 들었더라면 힘과 에너지는 하늘과 땅 차이라는 사실을 알고 있었을 터였다.

어쨌거나 이 날 유리 겔러와의 밤은 실망스러웠다. 유리 겔러가 선보인 마법 에너지나 오컬트적인 힘은 어떠한 흔적도 남기지 않았다.

수학에서 말하는 힘이란

힘은 '가속도 곱하기 무게'라는 공식을 들어보았을 것이다. 물론 잘못된 말은 아니지만, 힘의 존재에 대한 설명으로는 한참 부족하다. 이는 오직 힘의 작용에 대해서만 설명할 뿐이다. 가만히 있는 물체를 움직여 보자. 이를 바꿔 말하자면 물체의 속도를 바꾼 것이다. 이때 물체의 무게가 가벼울수록 속도는 빠르게 변화한다. 이는 속도 변화를 방해하는 힘, 즉 관성과 관련이 있다.

현상에 대한 관찰을 넘어서서 더 깊이 들어가 보자. 무엇이 물체의 속도 변화를 야기하는 것일까? 원자와 양자 물리를 주로 연구한 독일의 이론 물리학자 아르놀트 조머펠트Arnold Sommerfeld 는 저서 《이론 물리학 교과서Lehrbuch der Theoretischen Physik》에서 우리가 여태까지 설명하지 못했던 힘 그 자체에 대해 설명한다. 우리는 근육을 통해 힘을 느낀다. 땅이 물체를 끌어당기는 현상을 통해 힘을 측정하기도 한다. 사실 물체의 질량은 곧 힘, 보다 정확하게는 지구가 물체를 잡아당기는 중력을 의미한다. 중력은 물체의 질량에 비례하며 땅은 모든 물체를 같은 속도로 가속시킨다.

이탈리아의 과학자였던 갈릴레오 갈릴레이는 16세기에 이미 기울어진 탑 꼭대기에서 공을 떨어뜨리며 중력에 대해 설명한 바 있다. 모든 물체는 무게와 상관없이 1초당 약 10미터씩 가속한다. 떨어지는 동안 속도는 점점 증가한다.

우리가 평소 지구 중심을 향해 떨어지지 않고 있을 수 있는 이유는 발밑에 딱딱한 땅이 있기 때문이다. 땅은 우리가 누르는 힘의 크기만큼 우리를 밀어낸다. 덕분에 우리는 가만히 멈추어 서 있을 수 있다. 하지만 어느 날 갑자기 땅이 꺼지거나 갑자기 발밑에 맨홀이 열린다면 우리는 지구 중심을 향해 떨어지기 시작할 것이다.

우주에서 자유낙하를 했던 오스트리아의 스카이다이버 펠릭스 바움가트너Felix Baumgartner가 지표면에서 약 40킬로미터 위를 떠다니는 캡슐에서 떨어졌을 때, 낙하속도는 중력 때문에 점점 빨라졌을 것이다. 중력가속도는 1초당 약 9.8미터이므로 대략 1초당 10미터로 어림하여 계산한다면, 그는 뛰어내린 지 1초 만에 1초당 10미터, 2초 뒤에는 1초당 20미터, 3초 뒤에는 1초당 30미터의 속도로 떨어졌을 것이다. 하지만 그가 초당 380미터, 즉 시속 1,368킬로미터의 속도에 다다르자 그의 낙하 속도는 더 이상 빨라지지 않았다. 공기와의 마찰에 따른 저항 때문이었다. 지표를 향해 잡아당기는 중력과 공기 마찰에 따른 저항을 더한 합은 0이었고, 따라서 속도는 일정하게 유지될 수 있었다. 아마 시간이 조금 더 지난 이후에는 속도가 점점 느려졌을 것이다. 그가 낙하산을 편 후에는 공기저항이 더 커졌을 것이기 때문이다.

이러한 관점에서 보면 질량은 지구가 생겨난 이후부터 내내 존재해 온 힘이다. 하지만 중력 외에도 세상에는 다양한 힘이 존재한다. 근육의 힘은 근육 세포의 화학적 반응을 통해 일어난다. 증기압은 열기관이나 연소기관에서 나오는 힘이다. 전자기력처럼 전기나 자석에서 비롯되는 힘도 존재하며, 위에서 언급한 마찰력도 있다. 물리학은 다양한 힘에 대해 설명하고, 기본적인 힘을 추적하는 데 집중한다. 사실 이 모든 이야기가 수학이라는 주제에서는 멀리 떨어진 것처럼 들리기도 한다.

하지만 여기서 조금만 더 파고들어 보자. 보통 우리가 흥미를 가지는 부분은 힘의 존재가 아니라, 어떤 힘을 증폭시키거나 감소할 수 있는지 여부다. 기원전 220년 시칠리아섬 남동부의 항구도시 시라쿠사에서 활동했던 수학자 아르키메데스는 천재적인 수학적 재능을 통해 이미 이를 이해하고 있었다. 덕분에 그는 현대 문명을 아우르는 기술의 기초를 닦을 수 있었다.

수학으로 에너지 이해하기

에너지라는 개념을 이해하려면 그림을 그려 보는 것이 빠르다. 먼저 종이 아래쪽에 수평선을 그어 땅을 표시하고, 물체에 무게를 부여하는 중력은 땅을 기준으로 수직인 아래 방향 화살표로 표시한다. 중력은 언제 어디서나 지표면에 수직 아래로 작용하기 때문이다. 물체가 지구 표면에 실제로 있든 없든 간에 중력은 어디에나 존재한다. 그러므로 수많은 화살이 수직 아래로 지표면 위 모든 자리에 꽂힌다고 생각해 보자. 당연하지만 그림의 모든 곳에 화살을 그릴 수는 없다. 그러니 화살을 적당히 많이 그린 다음에 실제로는 모든 점에 있다고 가정하자. 이제 그림은 아래로 꽂히는 화살로 가득 찼다. 이 화살들은 빗방울처럼 평온하게 아래로 꽂히며, 지표면의 중력장을 나타낸다.

중력장에 대한 발상은 지극히 수학적이다. 볼 수도, 들을 수도, 냄새를 맡거나 맛을 느낄 수도 없기 때문이다. 우리는 중력장을 느낄 수 없으며, 문자 그대로 추상적으로 받아들일 수밖에 없다. 참고로 추상적이라는 의미의 독일어 'abstrakt'는 '떠나다, 밀어내다'를 의미하는 라틴어 'abstraher'에서 유래했다. 다시 말해 명확함에서 밀려나 멀리 떠나온 것이다. 한 물체가

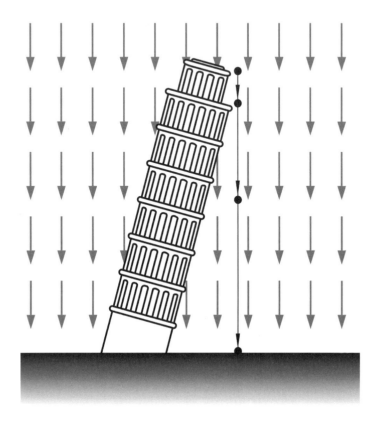

그림 3 지표면의 중력장. 45미터 높이의 피사의 사탑에서 떨어진 공은 무게로 인해 가속한다. 떨어진 직후에 공은 초당 5미터의 속도로 떨어지지만, 1초가 지나면 초당 10미터의 속도를 갖는다. 2초에는 초당 15미터로 떨어지며, 2초가 지나면 초당 20미터의 속도를 갖는다. 3초가 되었을 때는 초당 25미터로 떨어지지만, 3초가 지났을 때, 즉 떨어지기 직전에는 초당 30미터가 된다.

지표면 위 어딘가에 위치할 때 중력, 즉 힘의 장은 오로지 물체의 무게를 통해서만 느낄 수 있다.

갈릴레이가 지면에서부터 피사의 사탑 꼭대기까지 쇠공을 가지고 올라간 것은 '일을 했다'고 표현할 수 있다. 펠릭스 바움가트너를 태운 캡슐을 매단 풍선이 지상 40킬로미터까지 떠오른 것 또한 '일'이라고 할 수 있다. 일은 물체를 지표면 위 한 자리에서 다른 위치나 더 높은 위치로 옮기는 것, 즉 중력장 화살이 향하지 않는 방향으로 물체를 옮기는 것을 의미한다.

일의 크기는 지표면 위 물체의 처음 위치와 움직인 후 위치 사이의 거리에 비례한다. 갈릴레이가 공을 피사의 사탑 중간까지만 가지고 올라갔다면, 꼭대기까지 공을 가지고 올라간 것에 비해 절반만큼의 일을 한 것이다.

또한 일의 크기는 움직이는 물체의 질량에 비례한다. 오스트리아의 물리학자 베르너 그루버Werner Gruber를 펠릭스 바움가트너처럼 성층권에서 떨어뜨린다고 가정해 보자. 그의 몸무게는 바움가트너에 비해 두 배 더 무거우므로, 그를 지상 40킬로미터까지 올리기 위해서는 풍선이 두 배 더 많은 일을 해야 할 것이다.

물체의 무게에 높이, 즉 지면에서의 수직 거리를 곱하면 물체에 작용하는 지구 중력장 에너지의 양을 구할 수 있다. 물체를 높이 띄울수록 필요한 일 에너지의 양도 커진다. 반대로 높은 곳에 있던 물체가 낮은 곳으로 떨어지면 물체는 그만큼의 에너지를 잃게 된다.

이때 명심해야 할 사항은, 공짜 에너지는 존재하지 않는다는 사실이다. 물체가 에너지를 얻기 위해서는 물체에 투입될 에너지가 외부에서 가해져야 한다. 예를 들어 우리가 물체를 들어 올리기 위해서는 근육을 움직여야 한다. 즉 우리 신체의 화학적 에너지를 사용해야 한다. 케이블 윈치와 전기 모터를 사용해서 물체를 들어 올린다면 전기 에너지가 사용될 것이다. 증기압으로 올리면 열에너지를 사용하는 것이다. 에너지는 이런 방식으로 작용한다. 에너지 균형은 언제나 맞아 떨어져야 한다. 물리에서 말하는 에너지 보존 법칙은 바로 이를 의미한다.

공학적 발명의 기반이 된 수학

기원전의 수학자 아르키메데스의 생각을 간단하게 살펴보자. 그는 세상에 존재하는 모든 종류의 에너지를 그가 완전히 이해할 수 있는 형태로만 한정지었다. 위에서 설명한 중력장 에너지가 바로 그것이다. 중력 에너지는 수학을 이용할 때 가장 쉽게 접근할 수 있으며 서술하기도 더 쉽다. 간단하게 물체의 질량과 높이, 즉 물체와 지표면 사이의 수직 거리를 곱하기만 하면 되기 때문이다.

물론 간단하다고 무시할 수는 없다. 이를 이용해 만들 수 있는 도구는 놀랍도록 유용하기 때문이다.

수학적 도구인 지렛대

아르키메데스가 우리에게 선물한 첫 번째 도구는 지렛대다. 지렛대는 한 점을 축으로 회전하는 막대로, 시소를 생각하면 쉽다. 다만 시소와 달리 축을 기준으로 양쪽의 길이가 다르다. 가령 축을 기준으로 왼쪽 막대 끝까지가 10센티미터라면, 오른쪽 막대 끝까지는 1미터쯤 되는 식이다. 이때 축에서 더 가까운 쪽의 짧은 부분을 작용점이라고 하고, 긴 부분을 힘점이라고 한다. 힘점은 힘을 가하는 곳, 작용점은 실제로 힘이 작용해 물체를 들어 올리는 곳이다. 이 지렛대를 이용하면 힘점에 아주 작은 힘만 가해도 작용점에서 무거운 물체를 들 수 있다.

힘점과 작용점에 각각 추를 걸어서 균형을 잘 맞춘다면 지렛대는 수평을 유지하며 그대로 정지해 있을 것이다. 그러면 이제 수평을 이룬 지렛대의 작용점에 숨을 후 불어 작용점이 1밀리미터 아래로 내려갔다고 하자. 한쪽이 내려갔으므로,

힘점은 위로 올라간다. 축을 기준으로 힘점까지의 길이는 작용점까지의 길이보다 10배 길기 때문에 10밀리미터, 즉 1센티미터가 올라간다. 작용점이 2센티미터 아래로 떨어지면, 힘점은 20센티미터 위로 올라갈 것이다.

지렛대의 왼쪽이 아래로 떨어지면 왼쪽에 고정된 물체는 에너지를 잃는다. 대신 오른쪽의 힘점 끝에 걸린 물체는 그만큼 에너지를 얻는다. 작용점에 매달린 물체가 떨어진 높이에 비례

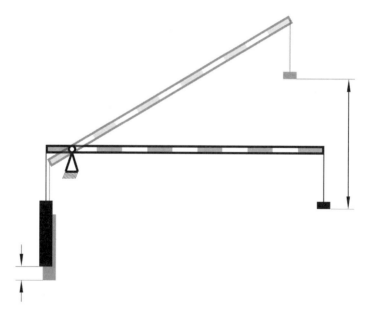

그림 4 축을 기준으로 지렛대 왼쪽의 길이는 10센티미터다. 왼쪽이 내려가면 1미터 길이의 지렛대 오른쪽은 내려간 길이의 10배 높이만큼 올라간다.

해 힘점 끝에 걸린 물체는 10배 더 높이 올라간다. 이때 이 지렛대가 완벽하게 균형을 유지할 수 있는 힘점과 작용점에 걸린 물체의 질량은 정확히 10배의 차이가 난다. 더 정확히 말하자면 힘점에 매달린 물체의 질량은 작용점에 걸린 물체 질량의 10분의 1이다.

지렛대의 축인 받침점에서 힘점까지의 길이가 받침점에서 작용점까지의 길이보다 두 배 더 길다면, 힘점에 걸린 물체는 작용점에 걸린 물체 무게의 절반으로도 균형을 이룰 수 있다. 지렛대 받침점에서 힘점까지의 길이가 작용점까지의 길이보다 100배 더 길다면 10킬로그램으로 1톤 물체와 균형을 잡을 수 있다. 그리고 심지어는 10킬로그램에 약간의 힘을 더해서 1톤이나 되는 물체를 들 수도 있다. 당연히 지렛대의 축은 이 무게를 견딜 수 있어야 한다. 아르키메데스는 이를 두고 이렇게 말했다.

누군가 내게 충분히 긴 막대와 한 점을 준다면 나는 지구도 들어 올릴 수 있다.

아르키메데스의 지렛대에는 기하학이 숨어 있다.

경사면을 오르기가 쉬운 이유

아르키메데스의 두 번째 도구는 지렛대보다는 상상하기 수월하다. 바로 경사면이다. 마찰이 없는 변을 따라 수레에 실은 물체를 끌어올린다고 생각해 보자. 아르키메데스는 수레와 수레를 묶은 밧줄에는 질량이 없다고 가정했다. 밧줄은 경사면 꼭대기에 고정된 도르래를 거쳐 수직으로 떨어진다. 밧줄의 끝에는 가벼운 추가 묶여 고정되어 있다. 짐을 실은 수레가 위로도 아래로도 움직이지 않으려면, 물체와 비교했을 때 추가 얼마나 무거워야 균형을 잡을 수 있을까?

이 역시 기하학을 통해 답을 구할 수 있다. 경사면의 각이 30도이며, 추가 40센티미터 아래로 떨어졌다고 가정하자. 수레는 경사면을 따라 40센티미터를 올라갈 것이고, 그만큼 높이도 높아질 것이다. 이때 수레가 얼마나 높아졌는지가 중요하다.

한번 삼각형을 그려 보자. 수레가 움직이기 전의 위치를 첫 번째 꼭짓점으로 삼고, 이동한 후의 수레 위치를 다시 한 꼭짓점으로 삼는다. 그리고 이 두 점으로부터 직각이 되는 곳에 마지막 꼭짓점을 그리면 직각삼각형이 나온다. 이동하기 전 수레의 위치를 표시하는 첫 번째 꼭짓점과 이동 후의 수레 위치를

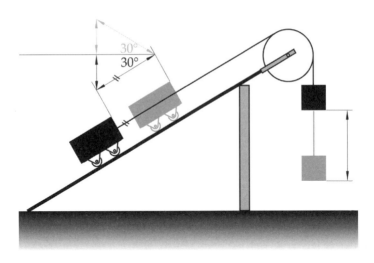

그림 5 30도로 기울어진 빗면에서 수레에 실린 물체와 밧줄에 매달린 추가 균형을 이루고 있다.

표시하는 두 번째 꼭짓점을 연결한 선은 삼각형의 가장 긴 변이며, 직각 맞은편에 위치한다. 이를 빗변이라고 부른다. 직각을 이루는 두 개의 선은 밑변과 높이라고 부른다.

그림 5에서 지표면을 기준으로 삼각형의 한 변은 수직이고 다른 한 변은 수평이다. 이때 삼각형의 높이는 지표면을 기준으로 수직인 변, 즉 물체가 움직인 높이가 된다.

방금 그린 직각삼각형은 조금 특별하다. 이 삼각형의 밑변에 거울의 반사상처럼 똑같은 삼각형을 이어 붙이면 두 개가 합해져 모든 변이 40센티미터인 정삼각형이 만들어진다. 따라서 처음 그렸던 직각삼각형의 높이는 40센티미터의 절반, 즉 20센티미터다. 바꿔 말하면 추가 40센티미터 내려갈 때 물체는 20센티미터, 즉 추가 내려간 길이의 절반 길이만큼 올라간다. 물체가 올라가면서 얻은 에너지의 양은 추가 떨어지면서 잃은 에너지의 양과 일치해야 하므로, 물체와 추가 균형을 이루고 있을 때 물체의 무게는 추의 무게의 두 배여야만 한다. 만일 파리가 추에 앉는다면 추의 무게가 더 무거워지므로 (마찰이 없다고 가정할 때) 짐을 실은 수레는 위로 올라갈 것이다.

이렇게 쉽게 답을 구할 수 있는 이유는 30도라는 빗변의 각도 덕분이다. 삼각형 빗변의 길이가 높이의 정확히 두 배이기 때문에 이렇게 쉽게 답을 얻을 수 있는 것이다. 각도가 바뀌면 높이에서 빗변의 길이를 나눈 값을 사용하는데, 이것이 바로 각도에 대한 삼각함수 사인(sin) 값이다. 사인은 원래 가슴을 의미하는 단어였는데, 아랍어를 잘못 번역하면서 그대로 굳어지게 되었다. 빗변과 높이가 이루는 각이 작으면 사인 값도 작다. 이 사인 값과 물체의 질량을 알면, 물체를 실은 수레와 균형을 이루기 위한 추의 무게, 즉 물체를 끌어올리기 위해 필요한 힘의 크기를 알 수 있다.

공학자 카를 리터 폰 게가Carl Ritter von Ghega는 유럽 최초의 표준 산악 철도인 젬머링 철도Semmeringbahn를 설계했다. 여기에서 열차는 약 1.5도 기울어진 빗변을 따라 이동한다. 이 각도에 대한 사인 값은 약 0.026으로, 이는 바꾸어 말하자면 열차 무게의 2.6퍼센트만으로도 열차를 위로 끌어올릴 수 있다는 의미가 된다. 덕분에 기관차는 산이라는 지형적 장애물에도 불구하고 비교적 쉽게 기차를 위로 끌어올릴 수 있는 것이다.

또 세계에서 가장 가파른 길은 뉴질랜드의 발드윈 스트리트Baldwin Street라는 곳인데, 이 오르막길의 각도는 약 19도다. 이에 대한 사인 값은 0.326이므로, 약 33퍼센트의 경사를 가진 셈이다. 바꿔 말하면 발드윈 스트리트를 통과하기 위해서는 자동차는 차 무게의 3분의 1을 수직으로 끌어올릴 수 있는 힘이 필요하다.

작은 힘으로 물체를 들어 올리는 방법

수학자이자 공학자인 아르키메데스가 남긴 업적은 두 기본 도구인 지렛대와 경사면을 통해 진정한 기술의 역작을 창조한 것이다. 그는 단순한 공학자가 아니라 천재였다.

아르키메데스는 도르래를 발명했다. 그는 에너지 보존 법칙을 지렛대가 아닌 바퀴에도 적용할 수 있다는 사실을 알았던 것이다. 천장에 갈고리처럼 고정할 수 있는 장치를 설치하고, 거기에 밧줄을 건다. 밧줄에는 움직이는 바퀴가 걸려 있으며, 이 바퀴에 물체가 걸려 있다. 다음 그림에서 볼 수 있는 것처럼 밧줄은 천장에 고정된 바퀴에 걸려 있으며, 끝에는 추가 달려

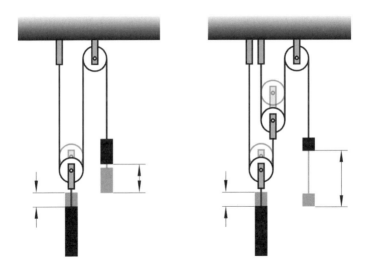

그림 6 왼쪽 그림에서 밧줄의 움직임을 살펴보자. 밧줄 끝에 걸린 추는 움직이는 바퀴에 걸린 물체가 올라가는 높이보다 두 배 더 이동한다. 따라서 평형을 맞추기 위해 필요한 밧줄 끝에 걸린 추의 무게는 바퀴에 걸린 물체의 무게의 절반이다. 오른쪽 그림에서는 이 과정을 한 번 더 반복한다. 평형을 맞추기 위해 필요한 밧줄 끝 추의 무게는 움직이는 바퀴에 걸린 물체의 무게의 4분의 1밖에 되지 않는다(밧줄과 도르래의 무게는 0이라고 가정한다).

있다.

다시 에너지 균형에 대한 이야기로 넘어가 보자. 이 모든 장치를 평형하게 유지하기 위해서는 추의 무게가 물체 무게의 절반이어야 한다. 만약 추를 40센티미터 아래로 떨어뜨린다면 물체는 이 길이의 절반, 즉 20센티미터만 올라갈 것이다.

아르키메데스는 도르래에 움직이는 바퀴와 고정된 바퀴를 더 많이 설치하기도 했다. 이를 사용하면 굉장히 무거운 물체를 작은 힘으로도 들 수 있다. 그는 도르래를 기중기와 결합하기도 했다. 기중기는 큰 지렛대와 같은 역할을 한다.

아르키메데스의 고향인 시라쿠사가 로마의 해군에 의해 포위되었을 때, 그는 이러한 도구를 통해 갑판의 병사들이 바다로 미끄러지도록 배를 끌어올리기도 했다. 그가 발명한 지렛대는 투석기에 사용되어 바다 멀리까지 바위를 던져 로마의 배를 공격하거나, 조난된 사람을 구조할 때 사용할 수 있었다. 시라쿠사는 이러한 도구를 통해 수년간 성공적으로 로마의 공격에 맞설 수 있었다. 로마의 장군 마르셀루스가 시라쿠사의 문지기에게 뇌물을 주어 도시를 정복하기 전까지는 말이다. 아르키메데스에게는 참으로 불공평한 처사였다. 하지만 어떠한 기술도 부패를 막을 수는 없는 법이다.

나선에 숨겨진 비밀

　　이집트의 주요 도시였던 알렉산드리아에서 유학하던 시절부터 아르키메데스는 번뜩이는 재능으로 빛나던 사람이었다. 그는 경사면에 대한 아이디어를 활용하여 나선 양수기를 발명하기도 했다. 덕분에 농부들은 나일 강의 물을 힘들게 퍼 나르지 않아도 밭에 물을 공급할 수 있었다. 아르키메데스의 나선 양수기는 오늘날 산업 현장에서도 여전히 활용되고 있다.

　　나선은 원통 안을 빙 둘러 나 있는 경사면이다. 이때 원통

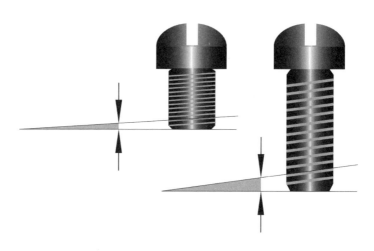

그림 7 왼쪽 나사의 각도는 오른쪽 나사 각도의 절반이다.

을 두르고 있는 경사면의 각도를 나사산의 각도라고 말하기도 한다. 이 나사산 각도의 사인 값에 원통을 감싸고 도는 전체 선의 길이를 곱하면 나사를 돌리는 데 필요한 힘의 크기를 구할 수 있다. 나사의 피치(골과 골 사이의 거리 – 옮긴이 주) 또한 중요하다. 피치가 클수록 물체를 움직이는 데 더 큰 힘이 필요하기 때문이다. 피치가 작으면 필요한 힘도 작지만, 대신 원하는 깊이에 다다르기 위해서는 더 많이 돌려야 한다.

앞에서 소개한 아르키메데스의 고상한 기술과 발명품은 오늘날에는 그리 놀랍지 않을 수도 있다. 도르래나 경사면을 비롯해 그가 개발한 것들 모두가 획기적이라기엔 다소 미묘한 감이 없지 않아 있기 때문이다. 어쩌면 더 대단한 걸 만들 수는 없었을까 하는 의문이 들기도 한다.

한편으로 그의 발견은 교과서에 나오는 것처럼 지루하고 따분하게 느껴진다. 이곳저곳에 수학적 개념이 숨어 있지만, 실험은 머릿속에서만 이루어지기 때문이다. 수레와 도르래, 밧줄의 무게를 0으로 가정한 것을 비롯해 지렛대 위의 두 물체, 혹은 수레 위의 물체와 밧줄에 매달린 추가 완벽하게 균형을 이루고 있는 점 등이 그렇다. 이는 현실에서는 일어나지 않는 일이다.

앞에서 살펴본 빗면 위 수레의 사례를 생각해 보자. 수레와 완벽한 균형을 유지하고 있는 추에 어쩌다 파리가 한 마리 앉았다면 아르키메데스는 몸서리를 쳤을 것이다. 파리의 무게가 더해지면 수레는 점점 더 빨리 위로 올라갔을 것이고, 추는 점점 빨리 아래로 떨어지기 시작했을 것이다. 적어도 파리가 추에서 떨어질 때까지는 말이다. 하지만 파리가 추에서 떨어진다 해도 이 장치는 더 이상 균형을 이루지 못한다. 수레와 추는 방금 얻은 속도를 유지할 것이다. 오로지 마찰력만이 이 속도를 변화시켜 다시 0으로 만들 수 있다(이는 아르키메데스가 아니라 갈릴레이가 발견한 사실이다). 따라서 수레는 감속하지 않고 계속해서 올라갈 것이다. 비탈길 꼭대기에서 떨어져서 수레를 부술 때까지 말이다. 축복받은 발명가에게는 분명 공포스러운 일일 것이다.

아르키메데스가 살던 시대의 이야기를 좀 더 해보자. 그 당시 시라쿠사는 그리스의 부유한 상업도시였다. 로마 정복 이전까지는 수십 년, 거의 백여 년 동안 아무것도 변하지 않았다. 사람들은 고정된 체계를 언제까지나 그대로 유지하기를 원했다. 사회를 발전시킬 만한 발상에는 누구도 귀를 기울이지 않았다. 아르키메데스는 기술에 혁명을 불러일으켰지만, 그 발명품으로 큰돈을 벌지는 못했다. 아르키메데스 스스로도 발명품으로 돈을 벌 생각은 없었다고 한다. 고대 그리스의 정치가 겸 철학자이자 역사가인 플루타르코스가 쓴 이야기대로라면, 아르키메데스는 귀족 가문 출신이었으며 태어날 때부터 부유했다. 그는 세상을 바꾸는 데에는 관심이 없었다. 일상에서든 공공의 환경이든 말이다. 플루타르코스가 말하기를, 만약 아르키메데스가 어떤 목적을 가지고 발명에 임했다면 인류의 삶을 상상도 못한 방법으로 향상시켰겠지만 그는 이 모든 것을 단지 심심풀이 장난감으로 여겼다고 한다. 발명품으로 그를 칭송했다면 아르키메데스는 분명 부끄러워했을 것이다. 그는 자신의 수학적 업적만을 자랑스러워했다. 그중에서도 특히 특별한 수학적 지식을 필요로 하는 발견을 가장 자랑스러워했다고 한다. 그는 자신이 고안한 개념이나 도구가 일상에서 사용이 가능한지 여부는 전혀 신경 쓰지 않았다.

수학으로 탐구한 하늘의 움직임

물리학 분야에서 아르키메데스와 견줄만한 인물은 몇 백 년 후에나 탄생했다. 바로 아이작 뉴턴이다. 과학사에서는 기적의 해annus mirabilis라고 불리는 1666년, 뉴턴은 이론 물리학을 만들어 냈다. 자연의 수학적 원리에 대해 다룬 이 책은 그로부터 20년 후에나 출판되었다.

　　뉴턴은 갈릴레이가 사망한 해인 1642년에 태어났다. 갈릴레이는 죽기 전에 움직이는 물체에 대한 실험 결과를 남겼는

데, 이는 고정되어 있는 점을 중시하던 아르키메데스의 정적인 사고에서 운동학, 즉 움직임에 대한 이론으로 옮겨 가는 계기가 되었다. 뉴턴은 이러한 지식을 바탕으로 망원경을 통해 얻은 천문학적 지식을 남기기도 했다.

지구를 둘러싼 중력장의 크기

특히 천문학 분야에서 수학자 요하네스 케플러가 남긴 세 가지 천체의 운동 법칙이 뉴턴에게 큰 영향을 주었다. 케플러 이전에는 모두가 달이 완전한 원을 따라 움직인다고 생각했다. 케플러는 달이 타원 궤도로 지구를 돌고 있다는 사실을 발견했지만, 그 이유를 설명할 수 없었다. 중세의 학자들은 완전하고 대칭적인 원운동을 창조주의 흔적으로 여겼다. 따라서 완전하지 않은 형태인 타원 궤도는 세상이 완벽하게 창조되었다는 중세 학자들의 생각과는 맞지 않았다. 심지어 지구가 타원의 중심이 아니라 한쪽으로 치우친, 소위 말하는 타원의 초점에 위치하고 있다는 사실은 학자들을 매우 불편하게 했다.

앞에서 우리는 아르키메데스의 수학적 발상으로 만들어

진 도구를 통해 지구의 힘의 장을 비교적 좁은 범위에서 살펴보았다. 수평으로 지표면을 그린 후 지표면을 향해 위에서 아래로 꽂히는 화살을 그렸던 것을 기억할 것이다. 이 화살은 바람 없는 날의 빗방울처럼 지구 표면을 향해 떨어졌다. 하지만 천문학자이기도 했던 뉴턴처럼 지구를 거대한 우주 속의 구형 행성으로 생각한다면 우주 속 중력장은 다른 형태로 그려져야 한다.

　　지구 밖의 어느 점에서 힘의 장을 의미하는 화살이 지구

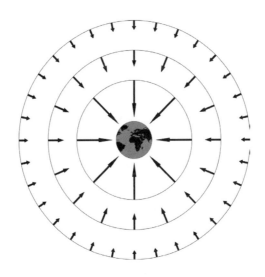

그림 8 지구 중력의 크기는 지구 중심점에서의 거리가 멀수록 작아진다. 가장 바깥에 있는 구의 반지름은 지구와 가장 가까운 첫 번째 구의 반지름보다 두 배 길다. 따라서 가장 바깥에 위치한 구의 표면에서 쏘는 중력 화살의 길이는 첫 번째 구의 표면에서 쏘는 화살 길이의 4분의 1이다.

중심을 향한다고 생각해 보자. 이 힘의 장을 대략적으로 표현하면 지구보다 더 큰 공이 지구를 감싸고 있는 것처럼 보일 것이다. 큰 공의 어떤 점에서든 지구 중심을 향하는 힘의 화살 길이는 모두 같다. 몸을 동그랗게 말고 있는 고슴도치처럼 구를 둘러싼 바늘이 중심을 향하고 있다고 생각하면 된다.

뉴턴은 지구를 둘러싼 이런 공이 하나가 아니라 세 개가 있다고 가정했다. 두 번째 구의 반지름은 첫 번째 구의 반지름의 두 배이고, 세 번째 구의 반지름은 첫 번째 구의 반지름의 세 배다. 또한 그림 8의 화살표처럼 두 번째 구에서 지구의 중심으로 쏜 힘의 화살의 길이는 첫 번째 구에서 쏜 화살보다 짧다. 세 번째 구에서 쏜 화살은 더 짧다. 뉴턴은 이와 같은 식으로 지구 중심에서 멀어질수록 중력의 크기가 작아질 것이라고 생각했다. 하지만 정확히 얼마나 작아질까?

뉴턴의 가정과 사고를 따라가 보자. 뉴턴은 힘의 화살이 빗방울처럼 지구로 떨어진다고 생각했다. 또한 지구를 둘러싼 공의 거리가 지구 중심에서 멀수록 힘의 화살이 구의 표면 면적에 비례해 더 많이 존재할 것이라고 생각했다. 참고로 구의 표면적을 구하는 공식은 다음과 같다.

$$4\pi r^2$$

이 공식에서 π는 원주율(흔히 3.14로 반올림하여 계산한다)을, r은 구의 반지름을 의미한다. 즉 구의 반지름이 두 배로 커지면 표면적은 그 제곱인 네 배가 되는 것이다.

따라서 뉴턴은 두 번째 구에서 출발한 화살의 길이는 첫 번째 구에서 출발한 화살 길이의 4분의 1이어야 한다고 생각했다. 첫 번째 구보다 반지름이 세 배 더 큰 세 번째 구는 표면적이 아홉 배 넓으므로, 세 번째 구에서 쏜 화살의 길이는 첫 번째 구에서 쏜 화살 길이의 9분의 1이어야 한다. 이것이 바로 그 유명한 만유인력의 법칙이다. 이 법칙에 따르면 중력의 크기는 거리의 제곱에 반비례한다.

달의 움직임을 계산하기 위해 만든 미분

뉴턴은 지구가 만들어 내는 이 힘의 장 위에 달을 얹었다. 그는 달을 지구 중심에서 380,000킬로미터 떨어진 곳에 배치하고, 달이 1초당 1킬로미터의 속도로 움직인다고 가정했다. 그

리고 달의 움직임을 알아내기 위해 새로운 수학적 방법을 고안
해 냈다.

지구에 중력이 없다면, 즉 힘의 장 화살이 존재하지 않는
다면 달에는 어떠한 힘도 작용하지 않을 것이다. 따라서 1초에
1킬로미터라는 속도를 영원히 유지한 채 직선으로 지구에서 영

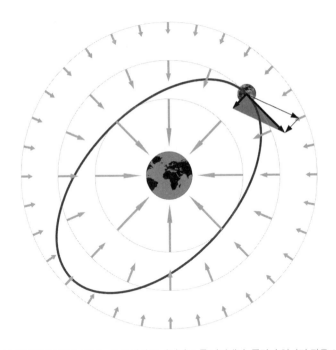

그림 9 달에서 뻗어 나오는 얇은 화살은 달의 속도를 나타낸다. 중력이 없다면 달은 이
속도를 유지하며 당구공처럼 직선으로 움직일 것이다. 달에서 시작되어 지구로 향하
는 두꺼운 화살은 달이 떨어지는 속도를 나타낸다. 두 움직임은 동시에 발생하며, 그
결과 달은 지구를 둘러싼 타원을 따라 움직인다.

영 멀어질 것이다. 하지만 지구 중심으로 끌어당기는 힘이 존재하기 때문에, 달은 직선으로 날아가는 동시에 지구 방향으로 끌려간다. 즉 달은 지구로 떨어진다.

그림 9의 얇은 화살표를 보자. 측면으로 지구를 탈출하려는 움직임과 지구를 향해 떨어지는 이 두 움직임이 삼각형의 두 변을 형성한다. 굵은 선으로 그려진 세 번째 변은 이에 따른 결과를 나타내며, 달의 실제 움직임을 나타낸다. 그림 속 삼각형은 사실 지나치게 크게 그려졌다. 그래서 마치 처음에는 달이 중력의 영향을 받지 않고 지구로부터 멀어지다가, 갑자기 자신에게 질량이 있다는 것을 깨닫고 지구로 떨어지는 것처럼 보인다. 그러나 측면으로 탈출하는 움직임과 추락은 동시에 일어난다. 따라서 이 삼각형은 '무한히 작은' 크기로 그려져야 한다.

이 '무한히 작은' 삼각형을 계산하기 위해 뉴턴은 새로운 수학을 만들어 내야만 했다. 이것이 바로 오늘날 말하는 미분이다. 이 학문의 기이한 특성에 대해 전부 설명하기에는 여백이 부족하니, 간단하게 '17세기의 교육 세상에 전대미문의 돌풍을 불러왔다'고만 설명하겠다. 뉴턴은 미분을 통해 어떻게 달이 지구 중력장을 따라 지구를 초점으로 하는 타원형으로 움직이는지 밝혀냈다. 뉴턴은 미분을 통해 힘의 작용에 따른 모든 현상을 서술했다. 아르키메데스의 도구들은 그중 쉬운 예시에 속한다.

마지막으로 한 가지만 더 살펴보자. 뉴턴이 미분을 발명한 것은 1666년이었지만, 이를 출판하여 대중에 널리 알리기까지는 약 20년 정도의 시간적 간격이 존재한다. 바로 이 시기에 독일의 학자 고트프리트 빌헬름 라이프니츠Gottfried Wilhelm Leibniz 또한 뉴턴과 별개로 미분을 발명해 냈다. 그는 1675년에 자신의 아이디어를 발표했는데, 의도치 않게 뉴턴의 출판 이전에 선수 친 것이 되어 버렸다. 뉴턴은 이에 대해 불같이 화를 냈다. 그는 훨씬 더 전부터 이 비밀스럽고 놀라운 계산 방법을 생각해 왔기 때문이었다. 하지만 그는 이를 완전히 확신하지 못했고, 20여 년이나 이를 발표하기를 거부했다.

에너지의 크기를 계산하는 법

17세기 유럽 대륙에서 뉴턴의 가장 열정적인 팬이었던 프랑스의 계몽주의 작가 볼테르는 뉴턴의 획기적인 발명을 친분을 유지하던 모든 지식인 단체에 퍼뜨렸다. 볼테르의 친구이자 재능 있고 열정적인 수학자이며, 최초의 근대 여성 과학자이기도 한 에밀리 뒤 샤틀레Émilie du Châtelet 후작 부인은 그 덕분에 뉴턴의 책을 손에 넣을 수 있었다. 그녀는 라틴어로 쓰인 뉴턴의 저서를 프랑스어로 번역했으며, 뉴턴이 사용한 어려운 기호 대신 비교적 간단하고 명확한 방식으로 공식을 서술했다. 이는 라이프니츠가 떠올린 방식이기도 했다. 샤틀레는 거기에서 한발 더 나아가 뉴턴이 미처 알아채지 못하고 지나친 새로운 표현을 만들어 냈다. 운동에너지, 즉 움직임에 대한 에너지였다.

운동에너지를 발견한 후작 부인

아르키메데스가 생각했던 정적인 물리의 세계에서는 오직 한 종류의 에너지만을 다루었다. 위치에 따른 에너지, 즉 위치에너지potential Energy였다. 이에 따르면 물체가 지면에서 떨어져 높이 있을수록 물체가 갖는 에너지는 커진다.

물론 한 가지 덧붙이자면, 물체의 높이와 에너지 사이의 정비례 관계는 오직 지표면 근처에서만 해당된다. 따라서 지구를 우주 속에 존재하는 공으로 생각한다면 방금 말한 물체의 높이와 에너지의 관계는 정정해야 한다. 특정 위치의 중력장은 지구 중심까지의 거리에 제곱한 만큼 약해지기 때문이다. 지구 표면은 지구 중심에서 6,370킬로미터 떨어져 있다. 인공위성은 지구 중심에서 25,480킬로미터, 약 네 배 더 멀리 떨어져 있다.

그러므로 인공위성을 1미터 더 멀어지게 하려면 같은 물체를 지구 표면에서 1미터 위로 끌어올릴 때의 16분의 1만큼의 힘만을 필요로 한다.

그러나 움직임에 따른 에너지는 아르키메데스에게 낯선 개념이었다. 그가 수학으로 물리를 표현하기는 했지만, 오로지 고정된 상태의 균형만을 고려했을 뿐이다.

갈릴레이가 공을 피사의 사탑 45미터 높이까지 들고 올라가 바닥으로 떨어뜨림으로써 운동에너지가 마침내 세상 밖으로 나오게 되었다. 갈릴레이가 탑 꼭대기에 도착했으므로, 그가 들고 올라간 공은 그만큼의 에너지를 얻었을 것이다. 공의 무게에 지표면에서부터 올라간 높이인 45미터를 곱한 만큼 말이다. 갈릴레이가 공을 떨어뜨리면, 공의 속도는 1초 만에 0에서 초당 10미터까지 빨라진다. 공이 이동한 거리는 처음 속도와 마지막 속도를 이용해 계산한다. 즉 처음과 마지막 속도의 평균인 초당 5미터 속도에 1초를 곱하면 된다. 1초 동안 공은 5미터 떨어졌다. 2초가 지나면 공의 속도는 초당 20미터까지 빨라진다. 공이 이동한 거리는 앞과 같은 방식으로 계산한다. 처음 속도와 마지막 속도, 즉 평균 속도인 초당 10미터 속도에 떨어진 시간인 2초를 곱한다. 2초 동안 공은 20미터를 떨어졌다. 3초가 지나면 공의 속도는 초당 30미터까지 빨라진다. 공이 이동한 거리는 마찬가지로 처음 속도와 마지막 속도의 평균을 통해 계산한다. 즉 평균 속도인 초당 15미터에 떨어진 시간인 3초를 곱한다. 45미터다. 따라서 공은 떨어뜨리고 정확히 3초 후에 땅에 떨어진다.

이를 표로 나타내 보자.

낙하 시간	속도	이동 거리	남은 거리
1초	10m/s	5m	40m
2초	20m/s	20m	25m
3초	30m/s	45m	0m

공이 떨어지기 전 높이인 45미터에 무게를 곱하면 위치에너지를 구할 수 있다. 공의 높이는 떨어진 지 1초 만에 40미터, 2초 만에 25미터가 되며, 여기에 무게를 곱하면 그 순간의 에너지의 크기를 구할 수 있다. 떨어진 지 3초가 지나면 위치에너지는 모두 소진된다.

그렇다면 공이 멈춘 이후 이 에너지는 어디로 간 것일까? 에너지 보존 법칙에 따르면 에너지는 사라질 수 없다. 에밀리 뒤 샤틀레는 여기에 대한 답을 내놓는다. 바로 운동에너지다. 1초 뒤에는 공이 10m/s로 떨어질 때까지 이동한 거리인 5미터에 물체의 무게를 곱한 만큼의 에너지가 운동에너지로 전환된다. 2초 뒤 공이 20m/s로 떨어질 때는 이동 거리인 20미터에 물체의 무게를 곱한 만큼의 에너지가, 3초 뒤 공이 30m/s로 떨어질 때는 이동 거리인 45미터에 물체의 무게를 곱한 만큼의 에너지가 운동에너지로 전환된다.

위의 계산을 잘 살펴보자. 이 계산에서는 물체의 무게에 물체가 이동한 거리를 곱하며, 그 값은 각각 5, 20, 45다. 에밀리 뒤 샤틀레는 이 숫자가 속도의 제곱을 2로 나누고 다시 10으로 나눈 것과 같다는 사실을 발견해 냈다.

$$(10 \times 10) \div 2 \div 10 = 5$$
$$(20 \times 20) \div 2 \div 10 = 20$$
$$(30 \times 30) \div 2 \div 10 = 45$$

가령 속도가 초당 10미터일 때를 기준으로 계산해 보면, 100을 2로 나눈 값은 50이고, 이를 10으로 다시 한번 나누면 5다. 속도가 초당 20미터일 때, 초당 30미터일 때도 마찬가지다. 이러한 수학적 과정을 통해 에밀리 뒤 샤틀레는 물체의 운동에너지가 속도 제곱에 비례한다는 사실을 발견했다. 더 정확히는 물체 질량과 속도 제곱의 2분의 1을 곱한 것과 같다. 이 결론은 우리의 계산과 일치한다. 왜냐하면 물체의 질량에 10을 곱하면 무게를 구할 수 있기 때문이다.

앞서 힘과 에너지라는 단어를 혼용했던 알프레드 파이르라이트너처럼 우리 역시 질량과 무게라는 말을 자주 혼용하지만, 물리학적으로 질량과 무게는 전혀 다른 개념이다. 질량은 우주 어디에서나 절대적인 값이며, 무게는 물체에 가해지는 중력의 크기를 나타내는 값으로 질량에 지구의 중력가속도인 9.8m/s, 약 10을 곱해 구한다. 앞의 계산에서 한 번에 20으로 나누지 않고, 2와 10으로 나누어 구한 이유가 바로 여기에 있다.

30m/s로 떨어지던 공은 바닥의 충격을 가하며 멈춘다. 이제 공은 가만히 있다. 속도도, 운동에너지도 존재하지 않는다. 공이 지면 위에 존재하기 때문에 위치에너지도 존재하지 않는다. 에너지는 사라지지 않는다더니, 어디로 가버린 걸까? 한번 잘 살펴보자. 바닥에 움푹 팬 자국이 보인다. 에너지가 변형된 것이다. 공과 바닥은 약간 따뜻해졌으며, 지면의 안정된 원

자 구조는 변형되었다. 45미터 곱하기 공의 무게와 같은 원래의 에너지는 말 그대로 땅에 처박혀 돌이킬 수 없게 되었다.

에너지는 어디에서 오는 걸까?

세상에는 사람이 이용 가능한 형태의 에너지가 있는 반면, 활용하거나 사용할 수 없는 에너지도 존재한다.

열은 쉽게 찾아볼 수 있는 형태의 에너지다. 1리터의 물을 오븐에 넣는다고 가정해 보자. 물의 온도를 1도 올리기 위해서는 1킬로칼로리가 필요하다. 킬로칼로리는 에너지 단위 중 하나다. 약 70여 년 동안 표준 기관에서 효용성에 대한 토의를 진행했으나, 킬로칼로리는 마력과 마찬가지로 일과 관련된 분야에서 대체 불가능한 단위다. 킬로칼로리는 무시할 수 없는 에너지를 갖는다. 1킬로칼로리는 75킬로그램 무게의 남자를 5.5미터 높이로 들어 올릴 수 있는 힘이다. 물 1리터의 온도는 겨우 1도밖에 올릴 수 없지만 말이다! 얼음처럼 차가운 섭씨 0도의 물을 끓이려면, 다시 말해 섭씨 100도가 될 때까지 가열하기 위해서는 100킬로칼로리가 필요하다.

이 과정에는 두 가지 종류의 변형에너지가 등장한다. 섭씨 0도의 얼음 1킬로그램을 녹여서 섭씨 0도의 물 1리터로 변화시키기 위해서는 80킬로칼로리가 필요하다. 이때 온도는 전혀 변하지 않는다! 이러한 이유로 키츠뷜(오스트리아의 작은 소도시. 알프스 산맥 주변에 위치한다 - 옮긴이 주)의 눈은 은근하게 온기를 나누어 주는 봄의 햇살에도 꽤 오랫동안 눈의 형태를 유지할 수 있다. 끓는 물 1리터를 증기로 바꾸는 데 필요한 힘은 총 540킬로칼로리로, 같은 양의 얼음을 물로 변화시킬 때보다 더 큰 힘이 필요하다.

오븐을 켰는데 깜빡하고 물이 든 냄비를 넣지 않았다면 어리석은 일을 한 것이다. 물을 20도에서 70도로 데우는 데 필요한 50킬로칼로리의 에너지는 주변으로 퍼져나간다. 열은 당신이 알아채지 못한 사이 주방 공기를 데우고, 열린 창문을 통해 세상을 데울 것이다.

태양은 이와 같은 방식으로 수십억 년 동안 스스로 생산한 내부 에너지를 사방으로 내뿜고 있다. 이 태양광 중 일부는 지구에 도달하며, 이 에너지를 통해 대기를 데우거나 특정한 공기의 흐름을 조성하여 날씨를 만든다. 덕분에 바닷물이 증발하여 구름이 형성되고 비가 내린다.

인류는 석기 시대부터 태양 에너지를 이용해 왔다. 인류는 그 당시에도 에너지를 다른 형태로 변화시키거나 저장하는 법을 알고 있었다. 식량으로 말이다. 땅에서 얻은 과일뿐만 아니라 간접적으로는 동물도 포함된다. 먹이사슬에 따르면 동물은 식물을 섭취하고, 식물은 태양 에너지를 전환하여 자라기 때문이다. 인간의 영양 권장량을 킬로칼로리로 나타내는 데는 이유가 있는 법이다. 성인의 일일 권장량은 약 2,500킬로칼로리로 추산되며, 신체 활동이 많은 운동선수는 두 배 이상의 에너지를 요구하기도 한다.

식량뿐만 아니라 거주 공간을 마련하거나 의복을 생산하는 등 일상에 필요한 모든 물건을 만들기 위해서는 에너지가 필요하다. 여기에서 기술은 매우 중요하다. 기술은 에너지를 가능한 효율적으로 변화시키고, 더욱 집약된 형태로 에너지를 저장하며, 에너지를 이동시킬 수 있도록 하기 때문이다. 에너지를 얻고 수송하기 위해 과거에는 물레방아를, 이후에는 발전기를 개천이나 강에 설치했다. 에너지는 여기에 연결된 수많은 파이프라인을 통해 이동한다.

그런 면에서 전기에너지는 어떻게 보아도 우아하다. 마법과도 같은 가변성과 금속 케이블을 통한 수송은 눈부시게 아름

답다. 학교에서 카이사르나 나폴레옹에 대해서는 열심히 가르치지만, 위대한 전기공학자인 마이클 패러데이Michel Faraday와 전기 공학의 모든 것을 네 개의 수학식으로 정리한 제임스 클러크 맥스웰James Clerk Maxwell에 대해서는 충분히 가르치지 않는다. 참으로 안타까운 일이다. 카이사르나 나폴레옹이 분명 거창한 꿈을 꾸기는 했지만, 거시적인 관점에서 보면 패러데이와 맥스웰이 한 일이 인류에게 더 큰 도움을 주었기 때문이다.

원자 폭탄에 숨어 있는 수학 개념

앞에서 살펴본 것처럼 에너지는 우리 일상의 기반이다. 하지만 대체 어디에서 이 에너지를 얻는 것일까? 결론부터 말하자면 지구에서 얻는 거의 대부분의 에너지는 태양에서 기원한다. 그렇다면 이 태양이 끊임없이 우주로 뿜어내는 이 에너지의 근원은 무엇일까?

20세기 초반까지 사람들은 태양이 불타오르는 거대한 석탄이라고 생각했다. 사람들은 불타는 석탄 1킬로그램에서 얻을 수 있는 에너지의 최대량을 알고 있었으므로, 태양이 얼마나 오래 빛날 수 있을지도 가늠할 수 있었다. 하지만 이상했다. 계산에 따르면 지름이 150,000킬로미터에 달하는 거대한 태양조차도 단 수천 년 만에 빛이 꺼질 수밖에 없었다. 사람들은 뒤통수를 맞은 듯 벙벙해질 수밖에 없었다. 진화의 역사에 따르면 인류는 수십억 년 동안 존재해 왔어야 하는데, 태양빛이 없었더라면 이는 불가능했기 때문이었다.

불타는 석탄으로 이루어져 겨우 수천 년 동안만 빛날 수 있는 태양과 진화론이 주장하는 수십억 년의 역사는 양립할 수 없었다. 그러나 1905년 알베르트 아인슈타인이 발견한 공식이 이 둘 사이에 존재하는 모순을 해결해 냈다. 아인슈타인은 상대성 이론을 통해 순수하게 수학적인 방식으로 모든 질량에는 엄청나게 큰 에너지가 내재되어 있다는 결론을 이끌어 냈다. 21,466,398,651,400, 즉 20조가 넘는 숫자를 킬로그램 단위로 측정한 무게에 곱하면 물체에 몇 킬로칼로리의 에너지가 숨어 있는지 계산할 수 있다.

오스트리아에서 가장 거대한 호수인 아터제Attersee를 예로 들어 보자. 아터제의 면적은 40제곱킬로미터 이상이며, 평균 깊이는 약 100미터로, 10분의 1킬로미터가 약간 안 된다. 여기에는 총 4세제곱킬로미터의 물이 있다. 이를 리터, 즉 세제곱데시

미터로 변환하면 40조 리터다. 이 중 1킬로그램의 물을 열에너지로 모두 전환한다면, 차가운 호수에 있는 물의 전체 온도를 5도 이상 높일 수 있다.

아인슈타인의 공식은 어떻게 태양이 수십억 년 간 타오를 수 있는지 설명해 준다. 태양은 스스로의 질량을 조금씩 에너지로 전환한다. 20세기 초반까지만 하더라도 태양이 질량을 에너지로 변환하는 방법은 여전히 어둠 속에 가려져 있었다. 문자 그대로, 아주 희미한 빛이 이 비밀을 비추기 전까지는 말이다.

마리 퀴리와 피에르 퀴리는 1898년 12월 어느 날 보헤미아의 세인트 요하임스탈에서 캐낸 피치블렌드(우라늄, 라듐의 주요 원광 – 옮긴이 주)에서 새로운 물질을 발견했다. 이들은 광선을 의미하는 라틴어 라디우스radius에서 따와 이 물질을 라듐이라고 명명했다. 라듐은 지속적으로 빛을 뿜어냈다. 아인슈타인이 발견한 공식에 따르면, 이 창백한 빛은 물체를 구성하는 질량에서 끌어온 에너지였다. 물체는 알아차리기 힘들 만큼 아주 조금씩 질량을 잃었으며, 점차 납으로 변해갔다.

1938년 12월 어느 날, 지구에서도 아인슈타인의 공식이 의미하는 바와 같이 질량을 에너지로 변환할 수 있으며, 방사능 물질이 뿜어내는 희미한 빛보다 더 큰 에너지를 얻을 수 있다는 사실이 밝혀졌다. 독일의 화학자 오토 한Otto Hahn과 프리츠 슈트라스만Fritz Straßmann는 당시 베를린의 카이저 빌헬름 인스티튜트에서 우라늄 원자에 중성자를 쏘는 실험을 진행했다. 중성자는 전기적으로 중성을 띠며, 양성을 띠는 양성자와 마찬가지로 원자핵을 구성하는 입자다. 이들은 중성자를 쏘면 우라늄의 원자핵 결합을 파괴하고 결국에는 — 한이 묘사한 바에 따르면 — '폭발하는' 현상을 발견했다. 두 원자핵은 작게 쪼개져 하나는 바륨, 또 하나는 크립톤이 되었다. 여기에서 나온 두 개의 자유 중성자는 자유롭게 날아가다가 — 우라늄이 남아 있는 경우 — 계속해서 우라늄 원자핵에 부딪혔다.

이것이 전부가 아니었다. 한은 실험 직후 자신의 전 동료인 천재 물리학자 리제 마이트너Lise Meitner에게 실험의 내용을 담은 편지를 보냈다. 유대인이었던 그녀는 히틀러가 오스트리아를 침공한 이후 더 이상 오스트리아 국민으로서 보호를 받을 수 없게 되자 독일에서 도망쳐 나와 스웨덴에서 망명 중이었다. 편지를 읽은 그녀는 그 실험의 내용에서 엄청난 사실을 발견해 냈다. 우라늄 원자핵과 중성자 하나의 질량을 더한 값이 우라늄에서 찢어져 나온 바륨과 크립톤 원자핵과 두 중성자의 질량을 더한 값보다 작았던 것이다.

물리학에서는 위와 같은 두 값의 차를 '질량결손'이라고 부른다. 참으로 훌륭한 단어 선택이 아닐 수 없다. 원자핵이 쪼개지는 과정에서 초기 질량의 일부가 말 그대로 '결손' 되기 때문이다. 아인슈타인의 공식에 따르면 이 결손된 질량은 에너지로 바뀐다. 에너지는 한편으로는 빛의 형태로, 또 다른 한편으로는 운동에너지로 퍼져나갈 것이다. 두 원자핵 조각과 자유 중성자는 매우 빠른 속도로 날아다닌다. 이들은 주변 물질에 부딪치면 속도가 줄어들지만, 대신 이에 따른 마찰열이 생산된다. 결과적으로 운동에너지는 충돌을 통해 점차적으로 주변의 물질을 이루고 있는 무수히 많은 원자에 전달될 것이다.

한과 슈트라스만의 실험에서는 아주 적은 양의 분열 가능한 우라늄만을 다루었고, 자유 중성자는 쉽게 사라졌다. 하지만 소위 말하는 '임계질량' 만큼, 즉 연쇄적으로 분열 반응을 일으킬 만큼의 우라늄이 충분히 있다면 중성자는 원자핵을 분열시키고 여기서 생겨난 두 개의 중성자는 또 다른 우라늄 핵을 향해 날아갈 것이다. 두 개의 우라늄 핵이 또다시 분열하고, 아까보다 두 개 더 많은, 총 네 개의 새로운 중성자가 우라늄 핵을 향해 날아갈 것이다. 이렇게 계속해서 2가 곱해진다. 이것이 바로 그 유명한 연쇄 반응이다. 이는 제한 없는 원자핵 붕괴에 적용되며, 번개처럼 빨리 진행되고 엄청난 에너지를 순식간에 폭발적으로 내뿜는다. 원자폭탄이 바로 이런 식으로 폭발한다. 1945년 8월 어느 날, 이러한 폭탄이 일본의 히로시마와 나가사키에서 폭발해 수십만 명의 사람들이 목숨을 잃었다.

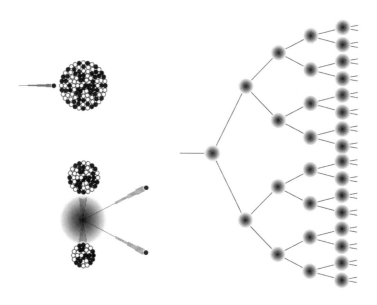

그림 10 왼쪽 위의 그림을 보자. 하나의 중성자가 우라늄 핵에 충돌하면 왼쪽 아래와 같이 우라늄 핵은 두 개의 원자핵 조각과 두 개의 자유 중성자로 분열된다. 두 개의 자유 중성자는 다른 원자핵에 부딪치며, 이러한 분열 과정을 통해 에너지가 방출된다. 오른쪽은 연쇄 반응의 법칙을 보여 준다. 하나의 자유 중성자가 하나의 핵에 부딪혀 두 개의 자유 중성자가 만들어진다. 이 중성자들은 다시 다른 원자핵에 부딪친다. 다음 단계에서는 두 개, 그다음에는 네 개, 여덟 개, 열여섯 개의 핵이 분열된다. 이러한 과정은 폭발적으로 진행된다.

분열 과정에 의해 튀어 나오는 중성자의 수를 알고 있다면 연쇄 반응에 따른 충격의 크기를 알 수 있다. 튀어 나오는 하나의 중성자로부터 두 개의 중성자가 만들어지고, 그다음엔 네 개, 그다음엔 여덟 개, 그리고는 16, 32, 64, 128, 256, 512, 1,024와 같이 이어진다. 이러한 과정이 열 번 반복되면 날아다니는 중성자의 수는 1,000배 이상 많아진다. 스무 번 반복되면 10,000개, 서른 번 반복되면 10억 개, 마흔 번 반복되면 1조 개가 넘는다.

이렇게 가파른 증가세를 수학적으로 '지수적 증가'라고 부른다. 이러한 증가는 상상을 초월하는 결과를 낳는다. 이 지수적 증가에 대한 기본적인 법칙을 잊어서는 안 된다. 제곱이 열 번 반복되면 이미 초기 양의 1,000배 이상으로 불어난다.

이탈리아에서 미국으로 망명한 물리학자 엔리코 페르미Enrico Fermi는 세련된 방법으로 연쇄 반응을 감속하는 데 성공했다. 그는 흑연 막대와 카드뮴 금속판을 분열하는 우라늄 사이에 밀어 넣었다. 그러자 두 물질은 이리저리 날아다니는 자유 중성자를 흡수하여 우라늄 원자핵 분열 과정을 중단시켰다. 1942년, 페르미는 이 방법을 통해 최초의 원자력 발전소 '시카고 파일 1Chicago Pile 1'을 건설했다. 원자로는 시카고대학교 캠

퍼스 풋볼 경기장의 사용하지 않는 관중석 아래에 지어졌으며, 5톤 이상의 우라늄 금속, 45톤의 산화 우라늄 그리고 360톤의 흑연 블록으로 겹겹이 쌓인 8미터 높이의 구형 구조를 가지고 있었다. 중성자를 흡수하는 카드뮴 금속판은 반응을 제어하기 위한 제어봉으로 사용되었다. 안전장치는 조약하기 그지없었다. 우라늄 블록 위에는 밧줄로 반응 제어 물질이 걸려 있었는데, 비상시에는 연쇄 반응을 중단시키기 위해 설비 기술자가 밧줄을 도끼로 잘라내 발전기 위로 떨어뜨려야 했다. 지금의 원자력 발전소는 이보다 세련된 방식을 사용하지만, 기본적인 원리자체는 동일하다. 수학적인 개념이 우리의 생활 전반을 바꾼 것이다.

부를 축적하기 위해 알아야 할 지식

원자폭탄과 원자력 발전의 원리를 통해 지수적 증가를 관찰할 수 있지만, 지수적 증가라는 개념이 우라늄 분열을 통해 처음으로 발견된 것은 아니다. 늦어도 르네상스 시기에는 부유한 이탈리아의 상업 및 금융 도시에서 지수적 증가 개념이 활용되고 있었다. 물론 물리가 아니라 경제적인 관점에서 말이다.

본격적인 이야기 전에 돈을 사용하는 방법에 대해 먼저 알아보도록 하자. 돈을 쓰는 방법에는 크게 두 가지가 있다. 곧

바로 사용하거나 저금하거나. 쉽게 찾아볼 수 있고 이해하기 쉬운 예시를 통해 이를 살펴보도록 하자.

돈의 발명

돈을 곧장 써버리는 사람에게 현금은 거래 촉진의 수단이다. 물론 돈이 없다면 물물교환을 할 수도 있다. 물물교환은 석기시대부터 존재했다. 털가죽을 너무 많이 가지고 있는 사냥꾼은 자신의 건강을 위해 필요한 약초와 털가죽을 교환하려 한다. 이를 성사시키기 위해서는 이웃에 살고 있는 약초꾼을 찾아가야 한다. 그녀는 분명 엄청나게 많은 양의 약초를 가지고 있을 테니 말이다. 하지만 약초꾼이 가진 약초 중 일부를 내놓을 생각을 가지고 있어야 하며, 옷이나 다른 무언가를 만들기 위해 우연히 사냥꾼이 가지고 있는 털가죽을 필요로 해야 한다.

돈의 발명은 물물 교환에서 일어날 수 있는 다양한 장애물을 쉽게 넘을 수 있게 만들었다. 누군가 집에 소파를 여덟 개나 가지고 있지만, 책상은 단 하나도 갖고 있지 않다고 가정해보자. 그는 이 중에서 네 개만 필요하고, 여기에 책상을 하나 가지고 싶어 한다. 마침 그에게는 당장 소파 네 개가 필요한 이웃이 있다. 그는 이웃에게 가서 마침 남는 네 개의 소파를 줄 테니 책상을 하나 달라고 부탁한다. 하지만 그 이웃은 책상이 하나뿐이며, 꼭 필요하기에 교환할 생각도 없다. 따라서 물물교환은 성사되지 않는다. 하지만 갑자기 그의 이웃이 숫자가 적힌 종잇조각을 꺼내더니 사인을 하고 그에게 건넨다. 그가 말하기를, 이 종이쪼가리를 상인에게 가져가면 상인이 이 종이를 가져가는 대신 책상을 내어 줄 거란다. 상인에게 책상을 받아 거래가 끝나면, 이웃뿐만 아니라 그 또한 이 인쇄된 종이 한 장의 놀라운 효과를 신뢰하게 된다. 물론 그 종이의 효과가 아주 오래 가지는 않지만 말이다. 상인은 그에게서 종이를 가져갔지만, 아무튼 그는 원하던 책상을 가지게 되었다.

　짧은 거래였지만 거래에 참여한 모든 이는 충분히 만족한다. 돈에 담긴 가치는 ― 물리적 에너지와 마찬가지로 ― 보존된다. 누군가가 어제 받은 돈을 무언가를 위해 쓴다고 생각하자. 어제 받은 돈의 가치는 오늘과 같다. 그는 내일이 아니라 오늘 당장 돈을 써버린다. 장기적인 관점으로 보면 내일이라는 미래는 불안정하기 때문이다. 스크루지 맥덕(디즈니 만화 캐릭터 ― 옮긴이 주) 같은 인물이나 금고에 돈을 쌓아둘 뿐이다.

돈을 가진 사람이 충분히 현명하다면, 그는 이 돈을 가치 없는 지폐의 형태가 아니라 금화나 은화 같은 동전 형태로 보관할 것이다. 실제로 고대에는 돈을 가진 사람들이 재산의 안정성을 보장하기 위해 이러한 방법을 사용했다. 동전에 새겨진 숫자는 실제 금속의 가치와 같았다. 동전을 만들고 얼마 지나지 않은 때에는 말이다. 하지만 만들어진 지 수십 년이 지나면 동전에 새겨진 가치와 실제 금속의 가치의 차이는 크게 벌어지게 된다. 그럼에도 서양 문화권에서 동전 위 숫자는 계속해서 사용되었다.

더 명확한 예시는 지폐에서 찾아볼 수 있다. 지폐는 종이에 인쇄된 숫자와 이 값에 대한 사회적인 믿음 덕분에 존재할 수 있다. 종이 자체는 아무런 가치도 없는데도 말이다. 적어도 그 지폐가 통용되는 짧은 기간 동안에는 그렇다.

그 누구도 지폐를 지갑이나 침대 머리맡에 영원히 쌓아두지 않는다. 돈은 사용되어야 한다. 아니면 앞에서 말했던 두 번째 사용법처럼 저금을 하거나 투자를 하는 방법도 있다. 누군가는 돈을 지금 당장 소비에 사용하지 않고 먼 미래에 사용하고 싶을지도 모른다. 그리고 당장 쥐고 있는 돈보다 더 불어나 있기를 바라거나 혹은 지금은 돈이 없더라도 미래에는 돈이 많아지기를 바랄 것이다. 자신의 사업이 성공할 것이라고 믿는다면 스스로의 사업에 돈을 투자할 수도 있다. 아니면 당장 돈은 없지만 사업가 정신을 발휘하여 이득을 가져올 수 있을만한 사람, 예컨대 아이디어가 넘쳐흐르고 믿을 수 있는 사람에게 투자할 수도 있다. 이도 아니라면 돈을 불려 줄 것 같은 회사에 투자를 맡길 수도 있다. 그것이 바로 은행이다.

하지만 장기적인 관점으로 보면 돈의 가치는 일정하지 않다. 그렇기 때문에 경제는 물리보다 복잡하다. 역사를 돌아보면 돈을 불리기란 쉽지 않은 일이었다. 처음 은행이 생겨났을 때에는 분수 계산을 제대로 할 줄 아는 사람이 없기 때문이었다. 분수의 덧셈과 뺄셈에는 공통분모라는 것이 필요하지만 당시만 하더라도 이에 대해 아는 사람은 없었다. 그렇기에 분수를 계산하기 위해서는 모든 분수의 분모를 한 가지로 통일해야 했다. 그런 이유로 사람들은 편의를 위해 모든 분수의 분모를 100으로 통일하기로 약속했다. 이것이 바로 백분율, 즉 퍼센트다.

5퍼센트의 수익이란 자본에 100분의 5가 더해진다는 것을 의미한다. 초기 자본을 1이라고 하고, 여기에서 증식한 자본의 값을 백분율 값으로 나타낸다면 이 값은 다음과 같다.

$$1 + \frac{5}{100}$$

실제로는 아무도 이런 방식으로 쓰지 않지만 말이다. 백분율 값으로 나타낼 때 치명적인 오류는 다음과 같은 상황에서 생겨난다.

한 사람이 재무 관리자에게 가서 3년간의 재산 변동에 대해 묻는다.

"조금 증가했습니다." 재무 관리자가 설명했다.

"첫 번째 해에는 15퍼센트 성장을 이루어냈습니다. 다음 해에는 20퍼센트가 떨어졌고요."

그가 경악한다. 재무 관리자는 이를 만회하고자 덧붙였다.

"하지만 걱정 마십시오. 올해에는 다시 5퍼센트 성장했으니까요. 다행히도 손해는 없는 셈이지요."

여기서 계산은 이런 식이다. 첫 번째 해에 15퍼센트가 증가했고, 다음 해에는 20퍼센트가 떨어졌으며, 올해는 다시 5퍼센트 성장했으니 15 − 20 + 15 = 0 으로 결국 재산에는 변동이 없다는 것이다. 물론 이는 명백히 틀린 계산이다. 재무 관리자는 여기서 백분율을 단순히 덧셈과 뺄셈으로 계산한 오류를 범했다. 그가 집으로 돌아가 아내에게 투자에 대해 고백하자, 아내는 계산을 시작한다.

"20,000유로를 투자했고, 첫 해에는 15퍼센트가 올랐으니 23,000유로네. 그다음 해에는 마이너스 20퍼센트니까, 4,600유로가 적어져서 18,400유로고. 올해 5퍼센트가 올랐다고 했는데, 5퍼센트는 10퍼센트의 절반이니까 바꿔 말하면 920유로야. 이걸 18,400유로에 더하면, 너는 원래 있던 20,000유로를 19,320유로로 만든 거지. 680유로를 손해 본 거라고! 지금 '가볍게' 투자해 본 거라 했어?"

백분율 계산에서 반드시 알아야 할 규칙

퍼센트로 성장과 감소를 나타내기 위해서는 세 가지 중요 규칙을 잘 이해하고 있어야 한다. 이 중 첫 번째는 이미 언급한 바 있다. 백분율 계산은 덧셈을 기반으로 하는 것처럼 보이지만 사실은 그렇지 않다. 백분율이 나타내는 정확한 값을 알려면 곱셈을 사용해야 한다. 재산이 증식하거나 감소한 규모를 정확히 알기 위해서는, 1에 100분의 얼마를 더하거나 뺀 값을 원래의 재산 규모에 곱해야 한다. 가령 재산이 5퍼센트 증가했다면 1에 100분의 5를 더한 값인 100분의 105를 곱해야 하고, 5퍼센트 감소했다면 1에 100분의 5를 뺀 값인 100분의 95를 곱하는 식이다.

하지만 이렇게 증가하거나 감소한 이후의 자본에서 원래의 자본을 알아내기 위해서는 단순 빼기가 아니라, 증가하거나 감소한 백분율 값으로 나누어야 한다.

2,500유로에서 20퍼센트의 부가세가 더해진 소비자가격을 계산한다고 하자. 실제 소비자가격을 구하려면 물건 가격인 2,500유로에 1 더하기 100분의 20을 곱하면 된다. 빨리 암산하고 싶다면 2,500유로에 10분의 1을 곱한 다음 다시 2를 곱하고, 여기에 2,500을 더하면 쉽게 해낼 수 있다. 답은 3,000유로다.

이때 부가세가 포함된 최종 소비자가격인 3,000유로에서 순 가격을 다시 구할 때 20퍼센트를 빼는 오류를 범해서는 안 된다. 3,000유로의 20퍼센트는 600유로이기 때문이다. 이렇게 뺄셈을 이용해 계산하면 2,400유로라는 잘못된 값을 얻게 된다. 실제로 1 + 100분의 20(이 값을 약분하면 5분의 6이 된다)을 곱한 이후의 값만을 가지고 20퍼센트 부가세가 붙기 전의 가격을 알아내려면, 이 값을 5분의 6으로 나누어야 한다. 이는 6분의 5를 곱하는 계산과 같다. 결론적으로 소비자가격인 3,000유로에서 6분의 5를 곱하면 원래의 순 가격인 2,500유로를 구할 수 있다.

두 번째 규칙은 첫 번째 규칙과도 관련이 있다. 현재 100,000유로의 빚이 있고 이를 10년 후에 상환해야 해야 한다고 가정해 보자. 빚은 해마다 7퍼센트씩 늘어난다. 돈을 갚아야 하는 사람, 다시 말해 채무자는 7퍼센트의 연 이자를 같이 상환해야 한다. 100,000유로의 7퍼센트는 7,000유로이므로, 채무자는 10년 뒤 돈을 값을 때는 원금 100,000유로에 이자 70,000유로만 더 주면 된다고, 즉 170,000유로를 상환하면 된다고 생각하기 십상이다. 하지만 이는 크나큰 오류다.

실제 계산은 다음과 같이 이루어진다. 빚은 해마다 1 + 100분의 7, 즉 1.07을 곱한 만큼 늘어난다. 이 숫자를 열 번 연속으로 곱하면 10년 후에 얼마나 증가하는지를 알 수 있다. 이를 간단히 표현하면 1.07^{10}로 나타낼 수 있으며, 이는 1.07을 열 번 곱한 값을 의미한다. 은행이 처음 생겨났던 그 당시에는 일일이 계산하느라 손이 좀 피곤했겠지만, 오늘날에는 버튼만 몇 번 누르면 소수점 이하 두 자리 수로 반올림한 값을 구할 수 있다. 답은 1.97이다. 그러므로 빚쟁이는 10년 뒤에 197,000유로

— 정확히는 197,715.14유로로, 반올림하면 200,000유로 — 를 상환해야 한다. 사실상 빌린 돈의 두 배를 갚아야 하는 것이다!

3.5퍼센트의 연 이자에 20년 후 빚을 상환하기로 합의하더라도 결과는 마찬가지다. 심지어는 1퍼센트의 연 이자로 70년 후에 상환하기로 해도 마찬가지다. 정확히 말하자면, 계산기로 1.01^{70}을 계산한 값은 2보다 좀 더 크다.

복리와 관련해 삶에 영향을 주는 중요한 수학 공식 중 하나로 '70의 법칙'이라는 것이 있다. 어떤 금액을 투자했을 때 그 금액이 두 배가 되기까지의 기간을 어림하려면 숫자 70을 연 이율의 백분율 값으로 나누면 된다는 법칙이다(이 수는 때로 72나 69가 되기도 하는데, 원금이 두 배가 되기까지의 기간을 대략적으로 어림하는 데 사용하는 숫자이므로 크게 차이는 없다). 가령 100,000유로를 4퍼센트의 연 이율로 투자한다고 가정했을 때 100,000유로가 200,000유로가 되려면 70 ÷ 4 = 17.5, 약 18년이 필요하다는 계산이다.

세 번째 규칙이다. 2를 열 번 곱하면 1,000을 한 번 곱한 값과 비슷한 값이 나온다. 2를 열 번 곱하면 1,024로 대략 1,000 정도다. 이 숫자는 기억해 둘 필요가 있다. 계속해서 2를 곱하다 보면 짧은 시간 만에 폭발적으로 숫자가 증가한다. 우라늄 붕괴로 인한 연쇄 반응은 현실적이고 끔찍한 예시다. 이와 같은 일은 경제에서도 일어날 수 있다. 그 유명한 버블 경제 시기에는 연 30퍼센트의 수익이 보장되었다. 다시 말해 한 세대 만에 자본을 1,000배로 불릴 수 있다는 뜻이었다. 말도 안 되는 소리였다. 경제는 나무처럼 언제까지나 성장할 수만은 없으며, 거품은 언젠가는 꺼지기 마련이다. 이는 스스로 경험하지 않더라도 누구나 예측 가능하다. 언제 꺼질지는 아무도 예측할 수 없지만 말이다.

그렇다고 아예 이자가 없는 것도 끔찍한 일이다. 먼 미래를 위한 자본의 투자가 아무것도 가져다주지 않는다는 의미이기 때문이다. 금리가 적당하더라도 언젠가는 자본이 두 배로 불어나기 마련이지만, 이에 대해서는 깊이 생각할 필요가 없다. 그 사이 세상은 완전히 변할 것이기 때문이다. 새로운 시장이 개발되고, 새로운 제품이 생산되며, 새로 생겨난 요구는 새로운 방식으로 충족해야 한다.

가령 스위스는 모든 변화가 아주 천천히 진행되었고 커다란 경제적 위기도 비교적 쉽게 탈출한 나라지만, 그런 스위스에서도 100년 전 돈을 가지고는 아무것도 살 수 없다. 수학으로는 양적 변화만을 파악할 수 있을 뿐, 질적 변화는 파악할 수 없다.

수학은 아직 알 수 없는, 미지의 숫자를 등식에 놓고 계산하는 예술이다. 하지만 여기에서 말하는 것은 '알려진 미지'다. 사람들은 이를 기호로 표현하고 그 크기를 계산하고 싶어 한다. 하지만 본질을 이해할 수도 없고 상징을 통해 표현할 수도 없으면서 사건에 영향을 미치는 '미지의 미지'는 어떻게 해야 할까? 수학으로 이를 어찌할 도리는 없지만, 그럼에도 이들은 여전히 존재한다. 삶의 모든 것이 수학일 수는 없는 법이다.

4

수학 시험의
치명적인 문제

수학을 배울 때 가장 고통스러운 사실은 시험을
통과해야 한다는 점이다. 심지어 일상에서는 쓸모도 없는
복잡하기 짝이 없는 문제를 보면 짜증이
치밀어 오른다. 지금도 연립방정식 문제를 풀어야
하는 학생들은 문제를 앞에 두고 "도대체 누가
소금물의 농도를 맞춰 가면서 섞어?"라고
투덜거리고 있을 것이다. 이런 시험 문제들이
정말 필요하기는 한 걸까?

수학 시험이 불러오는 악몽

학교에서 수학을 얼마만큼 가르치고 배워야 할까? 학생들이 이 과목에 재능이 있든 없든 상관없이 말이다. 대답은 당연하게도 '살아가는 데 필요한 만큼'이다. 충분히 일리 있지 않은가. 하지만 문제는 여기서 더 깊이 들어간 곳에 존재한다. '필요한 만큼'의 경계선은 도대체 어디에 그어야 하는 걸까?

솔직히 말하자면 나도 잘 모르겠다.

수학·과학 성취도 추이변화 국제비교 연구TIMSS, Trends

in International Mathematics and Science Study 나 국제학업성취도 평가PISA, Programme for International Student Assessment 등 복잡하기 짝이 없는 이름을 자랑하는 표준화 시험은 교육 전문가들이 지치지 않고 걸어온 샛길 속 어두운 덤불에 밝은 빛을 비추었다. 덕분에 수업의 목표를 명확하게 정할 수 있었다는 점을 고려하면 중앙에서 출제하는 졸업 시험 또한 수학 교육을 발전시켰다고 할 수 있다. 이러한 시험은 일종의 기준이 되어 학생들이 수학을 어디까지 배워야 하는지에 대한 질문에 답을 준다. '시험에 통과할 수 있을 만큼' 말이다.

중앙 출제 시험, 수학 선생님들의 구세주

수학을 '시험에 통과할 수 있을 만큼' 공부해야 한다니, 참으로 불만족스러운 답변이다. 이 답은 질문에 담겨 있는 문제의 본질을 단순히 뒤로 밀어 낸 것에 불과하다. 이 답으로 인해 문제는 '교육 과정을 어떻게 구성해야 할까'에서 '표준 시험 문제를 어떻게 만들어야 할까'로 바뀐다. 그러나 여기서 또 다시 새로운 문제가 파생된다. 훌륭한 수학 수업에서 비롯된 시험 문제란 어떤 것일까?

이에 대한 자세하고 구체적인 답변은 아이들의 수준에 맞는 적절한 교육 과정을 만들고자 밤낮으로 고민하는 교육 전문가들에게 넘기도록 하겠다. 이 문제에 대한 답은 굉장히 이론적일뿐만 아니라, 잘난척하는 것처럼 들리는 수많은 교육학적 용어와 사례가 뒤섞여 있다. 심지어 이러한 용어와 사례를 설명하다 보면 또 다른 재미없는 전문 용어를 끌고 와야 한다.

대신 이해하기 쉽게 시험에 나왔던 문제를 직접 살펴보도록 하자. 부적절한데다 끔찍하기까지 한 사례이지만, 이를 통해 시험이 학생들에게 바랄 수 있는 것과 바라서는 안 되는 것에 대해 직관적으로 이해할 수 있을 것이다.

도대체 쓸모를 알 수 없는 끔찍한 시험 문제

표준화된 시험은 극소수의 천재를 발굴하기 위한 것이 아니다. 어느 누구도 이 시험을 통해 반짝이는 재능을 가진 인재를 찾으리라고는 기대하지 않는다. 시험 문제는 대다수를 차지하는 평균적인 학생을 평가하기 위해 출제되며, 실제로도 그래야 마땅하다. 물론 그나마도 시험 문제가 적절한 경우에나 가능하다. 다음과 같은 문제는 여러 이유로 미심쩍다.

지금 소개할 문제는 '목수'라는 제목이 붙은 국제학업성취도 평가 시험 문제다. 내용은 다음과 같다.

목수가 32미터의 나무로 화단을 두르려 한다. 그는 화단을 다음 네 가지 모양으로 구상하고 있다. 다음 네 개의 화단 가운데 32미터의 나무로 두를 수 있는 화단은 무엇인가?

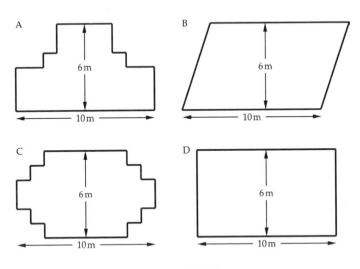

그림 11 '화단' 디자인들.

이미 문제부터 당혹스럽다. 애초에 화단을 나무로만 만드는 사람은 없다. 차라리 32미터의 나무를 가공하여 울타리로 만드는 편이 나을 것이다. 물론 이 지적이 쓸데없는 트집 잡기라는 것은 인정한다. 어쨌거나 이 문제가 무엇을 구하라고 요구하고 있는지는 알 수 있으니 말이다.

문제에 대해 조금 더 진지하게, 그리고 깊이 생각해 보면 목수가 꽃밭을 만들기 위해 이런 디자인을 '구상한다'는 점은 상당히 흥미롭다. 문제를 바꿔서 생각해 보자. 왜 이 밭에 무언가를 심을 사람인 정원사나 땅의 주인이 아니라 목수가 꽃밭의 디자인을 생각해야 할까? D와 같은 간단한 직사각형으로 화단을 만들 수 있는데도 목수는 대체 어쩌다가 A, B, C와 같은 모양으로 만들어야겠다는 조잡한 생각을 하게 되었을까? 화단을 이런 말도 안 되는 모양으로 만들어야 하는 상황이 존재하기는 할까? 그렇다면 왜 목수가 화단 형태에 대한 선택권을 가진단 말인가?

이런 의문은 짜증을 불러일으키고, 결국 문제를 진지하게 받아들이지 못하게 만든다. 누군가 이 문제를 풀지 않겠다 선언하더라도 충분히 이해할 수 있다. 의미도 상식도 없이 구성된 문제이기 때문이다.

더욱 끔찍한 점은 이 문제의 출제자가 단 한 가지 답만을 옳은 것으로 간주한다는 것이다. 32미터의 나무를 필요로 하는 모양은 B뿐이다. 하지만 실제로는 그렇지 않다. 노력만 한다면 같은 나무로 D의 직사각형 또한 충분히 만들 수 있다. 현실에서는 필연적으로 오차가 발생할 수밖에 없기 때문이다. 물론 A와 C의 모양은 32미터의 나무로는 충분하지 않다.

하지만 이 문제를 채점하는 사람은 이런 생각을 가진 사람을 좋아하지 않을 것이다. 출제자의 의도에 어긋나기 때문이다. 당연히 이 문제는 뒤에서 살펴볼 비극적인 천재 수학자 에바리스트 갈루아의 예시처럼 슬프지는 않지만, 화가 나기는 마찬가지다.

이런 터무니없는 수학 문제는 수학이 삶에 필요하다는 사실을 보여 주려는 출제자의 강박 때문에 만들어진다. 문제에 붙어 있는 '목수'라는 그로테스크한 제목이 많은 것을 말해 준다. 수학이 살아가는 데 꼭 필요한 것은 사실이다. 하지만 이 문제가 말하는 식으로는 아니다.

이 문제에서 기술자가 주어진 꽃밭을 나무로 둘러싸야 한다는 사실은 이해할 수 있다. 하지만 같은 그림을 사용할 거라면 다음과 같은 문제를 내는 편이 더 나았을 것이다. "A, B, C의 땅 중 D 직사각형의 변의 길이의 합과 같은 것은 무엇인가?" 차라리 이 문제가 더 배울 점이 많을 것이다. 아마도 이 문제의 출제자는 실용성이 없어 보이는 문제를 출제한다는 비판을 피하기 위해 이러한 문제를 고안했을 것이다. 하지만 이러한 문제는 아이들에게 명확하고 이해 가능한 문제를 지시하는 것을 방해할 뿐이다.

이 쉬운 예시는 표준화된 시험 문제에서 수학의 어떤 영역을 문제로 끌어와야 하는지, 혹은 결정한 영역에서 어느 정도로 파고들어야 하는지를 섬세하게 보여 준다. 문제를 적절한 수준으로 맞추기는 특히 힘들다. 시험에서는 실질적으로 삶에 필요한 수학을 다루어야 하기 때문이다.

훌륭한 수학 문제의 조건

학교에서 일반적으로 접하는 수학 문제는 앞에서 살펴본 것처럼 일상에서는 활용할 수도 없는, 그야말로 말도 안 되는 문제들이 대부분이다. 이런 문제를 읽다 보면 억지스러운 부분이 한두 군데가 아니다. 수학 문제를 풀다가 '도대체 누가 이런 걸 하고 싶어 하는 거야?'라고 생각한 적이 있을 것이다. 그렇다면 대체 훌륭한 수학 문제란 어떤 것일까?

지도를 통해 면적을 가늠하기

다음 문제 역시 전형적인 국제학업성취도 평가 문제다. 앞서 소개한 끔찍한 수학 문제를 출제한 기관과 같은 곳에서 출제한 문제이지만, 이 문제는 훨씬 낫다. 문제를 한번 살펴보자.

다음 그림은 포로알베르크(오스트리아 서부에 위치한 지역 − 옮긴이 주)의 지도다. 아래 주어진 기준 자를 통해 이 주의 면적을

그림 12 포로알베르크 지도와 나침반, 기준 자.

10 km

어림하라. 답을 구하기 위해 지도 위에 그림을 그릴 수 있다.

이 문제는 16세 학생을 대상으로 한다. 세 개의 짧은 문장으로 이루어져 문제를 읽으면 바로 무엇을 구해야 하는지 쉽게 이해할 수 있다. 앞에서 본 것처럼 터무니없는 문제도 아니다. 누구나 지도를 보며 땅의 넓이를 가늠해 보려 한 적이 있을 것이다. 이 문제는 지구 위 한 지역의 넓이를 구하는 문제로, 그 필요가 명확하면서도 흥미를 이끌어 낸다.

또한 이 문제는 답을 구하는 방법을 말해 주지 않는다. 이 문제를 풀기 위해서는 창의성이 중요하다. 실제로도 주어진 지도와 기준 자를 통해 포르알베르크의 면적을 가늠하는 방법은 여러 가지가 존재한다.

이 중 몇 가지를 소개해 보겠다. 첫 번째는 기준 자를 바탕으로 한 변의 길이가 10킬로미터인 정사각형 격자를 그리는 것이다. 이 격자는 포르알베르크 전체를 덮는다. 포르알베르크를 완전히 덮은 정사각형을 임시로 포르알베르크 사각형이라고 부르기로 하자(정말 이런 이름을 지닌 사각형이 존재하는 것이 아니다!). 사각형의 절반 이상이 포르알베르크 땅을 덮고 있다면 포르알베르크 사각형이다. 포르알베르크를 절반 이상 덮지

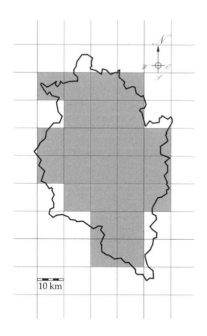

않고 튀어 나온 사각형이나, 포르알베르크의 외곽에 위치한 사각형은 포르알베르크 사각형이 아니다. 지도 위에 덧그린 모든 사각형은 10 곱하기 10, 즉 100제곱킬로미터의 면적을 가진다. 따라서 포르알베르크 사각형의 숫자에 100제곱킬로미터를 곱하면 주어진 문제에 대한 답을 구할 수 있다.

다른 방법으로도 문제를 풀 수 있다. 포르알베르크 지도 위에 직사각형을 그리는 것이다. 이때 포르알베르크에 속하지 않지만 직사각형 안에 포함되는 부분과 사각형에 포함되지 않

그림 14 포르알베르크의 면적과 비슷한 직사각형을 이용한 포르알베르크 면적 어림. 직사각형의 변의 길이는 각각 68킬로미터와 36킬로미터이므로, 포르알베르크의 넓이를 68 x 36 = 2,448, 약 2,500 제곱킬로미터로 어림잡을 수 있다.

10 km

는 포르알베르크의 면적이 비슷해야 한다. 그다음 직사각형 변의 길이를 측정하고, 이 값을 기준 자와 비교한다. 이를 통해 직사각형의 밑변과 높이가 몇 킬로미터인지 알 수 있다. 이 두 숫자를 곱하면 포르알베르크의 대략적인 면적을 알 수 있다.

이 두 번째 문제풀이에는 직사각형 대신 평행사변형을 사용할 수도 있다. 어쩌면 평행사변형 모양이 땅의 모양과 더 잘 맞을지도 모른다. 하지만 이를 활용하기 위해서는 평행사변형의 면적을 구하는 공식을 알아야만 한다. 혹은 다른 누군가는 원을 이용해 포르알베르크의 면적을 구하려고 할 수도 있다.

또는 두 번째 풀이 방법의 또 다른 변형으로, 포르알베르크의 면적을 두 개나 세 개의 직사각형으로 덮어 볼 수도 있다. 이렇게 도형을 자잘하게 나누면 하나의 직사각형을 이용할 때보다 더 정밀하게 포르알베르크를 덮을 수 있다. 그다음에는 위에서 풀어 낸 것과 같이 이 사각형들의 면적을 구한 후 더하면 된다.

정사각형을 이용한 첫 번째 방법은 하나 혹은 두세 개의 도형을 이용하는 두 번째 방법에 비해 몇 가지 장점이 있다. 첫 번째 방법은 포르알베르크의 최소 면적(완벽하게 포르알베르크를 덮고 있는 정사각형만 세면 된다)과 최대 면적을 알 수 있다(아까 전에 센 포르알베르크 사각형의 수에 포르알베르크 일부만 덮은 사각형까지 모두 더하면 된다). 이를 통해 얼마나 정확히 어림했는지도 알 수 있을 뿐만 아니라 새로운 사실을 알아 낼 수도 있다. 지도 위에 그린 정사각형의 크기가 작을수록 더 정확한 면적을 구할 수 있다는 사실 말이다. 여기까지 나아가면 누가 가르쳐주지 않아도 뉴턴과 라이프니츠가 발명한 혁명적인 수학적 방법, 즉 적분을 떠올릴 수 있다.

이 문제는 기하학에 대한 기본적인 이해와 활용, 그리고 이를 위해 필요한 기하학적 사고방식을 필요로 한다. 이 문제를 접한 사람은 기하학의 기본적인 개념이 우리 일상에서도 충분히 중요하다는 사실을 알 수 있을 것이다.

마지막으로 이 문제는 단순히 지도를 보고 땅의 크기를 가늠하는 법뿐만 아니라 수학이 세상을 이해하는 데 도움을 준다는 사실을 알려 준다. 정확한 계산은 머리 아프고 복잡한 방법을 필요로 한다. 심지어 계산의 목적에 비해 지나치게 많은 노력을 필요로 하기도 한다. 세상의 모든 요소를 완벽하고 정확하게 숫자로 표현하기란 불가능하다. 어릴 때부터 계산에 대한 재능을 뽐내 온 근대의 가장 위대한 수학자 가우스는 엄청난 재능으로 그 어떤 복잡한 계산도 실수 없이 척척 암산할 수 있었지만, "과도하게 정확한 계산만큼 수학 교육의 부족함을 여실히 보여 주는 것은 없다"는 말을 남기기도 했다.

좋은 문제에도 위험은 숨어 있다

솔직히 고백하겠다. 포르알베르크의 넓이를 계산하는 문제는 진짜 국제학업성취도 평가 문제가 아니다. 이는 국제학업성취도 평가 문제를 약간 변형한 것이다. 실제 국제학업성취도 평가 문제는 오스트리아의 포르알베르크가 아니라 더 거대한 지역, 정확히는 남극 대륙의 넓이를 다룬다. 16세 아이들은 남극 지도와 주어진 기준 자를 통해 사람이 살지 않는 것이나 다름없는 지역의 넓이를 가늠해야 한다. 사실 출제자는 남극 대륙에 사람이 살지 않기 때문에 남극을 선택했을 것이다. 국제학업성취도 평가는 세계적인 시험이기 때문이다. 남극이 아닌 포르알베르크를 문제로 냈다면, 포르알베르크에서 시험을 보는 사람에게 더 유리했을 것이며, 시험의 출제자는 이러한 편파적인 상황을 방지하고 싶었을 것이다.

하지만 이런 공정성이 오히려 문제를 내는 데 단점으로 작용하기도 한다.

우선 남극은 포르알베르크에 비해 지나치게 크다. 답에서부터 문제를 거꾸로 살펴 올라가 보자. 구하려는 전체 땅의 넓이가 2,500제곱미터라면 한 변의 길이가 50킬로미터인 정사각형을 쉽게 떠올릴 수 있지만(50 × 50은 2,500이므로), 1,500만 제곱미터의 면적을 가진 정사각형의 변의 길이는 한참 더 생각해야만 한다.

또한 사소한 문제처럼 보일 수 있으나, 남극이라는 지형적

특성도 무시할 수 없다. 남극은 지도에 그려진 땅 중 어느 부분이 해수면 위로 솟은 대륙이고 어떤 부분이 해수면을 덮고 있는 빙하인지 확실하지 않기 때문이다.

　게다가 누군가 주어진 지도가 왜곡되었다는 이의를 제기한다면 출제자도 할 말이 없다. 남극은 구형으로 생긴 지구의 상당 부분을 덮고 있다. 가우스가 저술한 측지학에 대한 책의 출판 이후에나 알게 된 사실이지만, 구 또는 일정한 크기를 넘어서는 구의 일부분은 절대 고정된 기준 자로 길이를 측정할 수 없으며, 평평한 지도 위에 펼쳐 그릴 수도 없다. 조금 극단적인 예시지만, 동그란 공을 반으로 잘라서 평면에 붙인다고 생각해 보자. 공의 곡면 때문에 잘라 낸 조각은 평면에 평평하게 붙지 않는다. 따라서 남극 지도와 주어진 기준 자는 수학적으로 의미가 없다. 이는 지도상의 표면적을 어림하는 행위를 근본적으로 거스르는 일이기 때문이다. 하지만 표면적이 작은 포르알베르크에서는 이런 문제가 나타나지 않는다. 포르알베르크가 지구를 덮고 있는 면적은 비교적 작아서 지구가 구형일지라도 실질적으로는 평평하기 때문이다.

　이러한 문제를 출제하려면 남극처럼 큰 대륙이 아니라 포르알베르크와 같이 면적이 작은 지역을 선정해야 한다. 포르알베르크 주민들의 명예를 지키기 위해 덧붙이자면, 이 지역은 지도에 나타난 것처럼 작지만은 않다. 면적의 크고 작음은 보는 관점에 따라 달라질 수 있다는 점을 염두에 두도록 하자.

한발 더 나아가 살펴보자면, 위 문제는 포르알베르크의 면적을 아주 커다란 테이블 위에 평평하게 펴놓은 테이블보와 같다고 가정한다. 다시 말해 포르알베르크 땅덩어리가 굴곡 없이 평평하다고 보는 것이다. 하지만 포르알베르크의 지면이 테이블보처럼 평평하게 펴져 있으리라는 법은 없다. 포르알베르크를 그대로 축소하여 '포르알베르크 책상'을 만든 뒤, 여기에 테이블보를 덮어씌운다고 생각해 보자. 포르알베르크에는 수많은 산과 골짜기가 존재한다. 즉 땅 위에 수많은 주름이 난잡하게 흩어져 있으므로 포르알베르크 책상을 온전히 덮기 위해서는 더 넓은 테이블보가 필요할 것이다. 더 나아가 숲으로 빽빽한 지역의 모든 나무의 줄기, 가지, 나뭇잎을 일일이 덮는다고 생각해 보자. 이를 위해서는 남극 면적보다도 더 큰 천이 필요할 것이다. 포르알베르크는 작지만, 이러한 방법으로 표현한다면 실제 면적은 제곱킬로미터 단위로는 나타낼 수 없을 만큼 커다랗다.

이는 깊이 생각해 보아야 할 문제다. 만약 시험을 보는 학생이 이러한 생각을 기반으로 포르알베르크의 면적에 대한 의미 있는 답은 존재하지 않는다는 결론을 내린다면, 어떻게 채점자가 이 답을 평가할 수 있겠는가?

수학 문제가 천재를 배척하다

시험문제가 특별한 수학적 재능에 상처를 입힌 일화는 역사 속에서도 찾아볼 수 있다. 이 비극적인 사건의 주인공은 에바리스트 갈루아Évariste Galois 다. 그는 열네 살이라는 어린 나이에 당대 최고 학자들의 이론과 그 이론을 이해하기 위한 복잡한 수식을 공부하곤 했다. 갈루아가 열여섯 살이 되던 1828년, 그는 프랑스의 명문 대학교인 에콜 폴리테크니크École Polytechnique의 입학시험에 응시했다. 시험 문제는 그에게 우스울 정도로 쉬웠기에 그는 순식간에 답을 내놓았다. 교수는 그가 어떻게 주어진 문제의 답을 구했는지 물어보았다. 하지만 그는 질문에 대답할 수 없었다. 그에게는 너무 단순한 문제였기 때문이었다. 채점자는 이를 바람직하게 생각하지 않고, 결국 그는 대학에 떨어졌다.

갈루아는 에콜 폴리테크니크를 준비하기 위한 학교인 에콜 노르말École Normale에서도 시험을 보았다. 그는 당시 이미 자신만의 연구를 진행하고 있을 정도로 똑똑했지만, 규정을 따르는 데에는 익숙하지 않았다. 그를 평가하는 문서에는 이렇게 적혀 있었다.

이 학생은 똑똑하며 놀라운 학구열을 가지고 있지만, 생각을 명확하게 표현하지 않으며 이해하기 힘들다.

갈루아는 에콜 폴리테크니크에 입학하기 위해 다시 한번 시험을 쳤다. 하지만 그의 문제 풀이에는 여전히 중간 과정이 너무 많이 빠져 있었으며, 그에 대한 부연 설명도 없었다. 덕분에 시험 위원회의 그 누구도 갈루아의 천재성을 알아보지 못했다. 그는 또 다시 대학에 떨어졌다.

이 슬픈 이야기는 갈루아가 수학을 거부하고 빛나는 공화주의 정치운동가가 되는 것으로 마무리된다. 그는 심지어 정적이 야기한 별것 아닌 상황에 휘말려 결투를 치렀고, 결국 스무 살의 나이에 배에 입은 총상으로 인해 사망했다. 결투를 하기 전날 밤에도 그는 자신의 이론을 구상하고 있었다. 나중에

이 이론은 그의 이름을 따서 갈루아 이론으로 불리게 된다. 결투 직전, 그는 자신의 친구였던 식물학자 오귀스트 슈발리에Auguste Chevalier에게 자신의 원고를 유명한 수학자에게 가져다 달라고 부탁했다. 프랑스의 수학자인 조제프 리우빌이 이것의 진가를 알아챈 것은 갈루아가 죽고 10년이 지난 후였다.

학교에서 배워야 할 수학 지식

문제가 좋든 나쁘든 간에, 수학 문제는 결국 학생들을 평가하기 위해 존재한다. 학생들을 평가하려면 우선은 평가해야 할 내용을 가르쳐야 하는 법이다. 이 장의 시작 부분에서 제기했던 바로 그 문제다. 돌고 돌아 문제의 원점으로 돌아왔다고 할 수 있겠다. 그렇다면 학교에서는 어떤 수학을 가르치고 또 배워야 할까?

삶을 살아가는 데 꼭 필요한 기본 지식

학교에서 1차적으로 배워야 하는 수학적 지식은 계산 그 자체다. 물론 기계가 사람보다 훨씬 빠르고 손쉽게 계산을 해내기는 한다. 그 누구도 수백 유로씩 하는 물건을 한 다스씩이나, 심지어 센트 단위까지 더하는 계산을 해낼 필요가 없다. 네 자리 수에 다섯 자리 수를 곱하거나 일곱 자리 수를 세 자리 수로 나눌 필요도 없으며, 졸면서도 소수점 아래까지 계산할 수 있을 만큼 연습하느라 시간을 낭비할 필요도 없다. 하지만 어렵지 않은 계산이라면 대략적으로나마 답을 어림할 수 있는 정도는 되어야 한다. 누구나 숫자가 뜻하는 의미를 짐작하고 실제로 일상에서 사용할 수 있어야 한다. 다시 말해 누구나 숫자를 신뢰할 수 있어야 한다.

또한 어림하는 계산에서 더 나아가 덧셈, 뺄셈, 곱셈 등의 쉽고 기초적인 계산을 자신의 지식으로 만들어야 한다. 더하기는 누적을 의미한다. 뺄셈은 비교에 대한 욕구에서 생겨난다. 두 가지 모두 어렵지 않고, 어찌 보면 원시적이라고도 할 수 있다. 수학의 발명가인 피타고라스는 여기서 더 깊이 파고 들려 하지도 않았다. 그는 숫자를 그림으로 나타낼 수 있는 곱셈에 관심을 가졌다. 가령 곱셈은 사각형의 면적으로 나타낼 수 있다. 직육면체와 피라미드를 이루는 사각형과 삼각형의 측정은 곧 기하학으로 이어진다. 곱셈과 나눗셈이 경제 분야에서 계산의 기본을 이룬다는 사실은 보너스다.

일상에 숨어 있는 수학

덧셈과 뺄셈을 넘어서 나눗셈과 분수 개념을 이해하는 것 역시 중요하다. 나눗셈과 분수는 전체에서 차지하는 어느 부분, 수학적으로 말하자면 비율을 표현하는 방법이다. 사람은 비율로 생각하는 법을 배워야 한다.

앞서 아르키메데스가 고안한 지렛대의 법칙 속에 숨어 있는 수학적 개념에서와 마찬가지로, 비례에서도 같은 개념이 등장한다. 기울어진 변, 혹은 길의 경사도를 계산할 때 사용했던 삼각함수인 사인 값도 결국은 분수다. 또한 분수 개념을 이해하는 데서 한발 더 나아가 분수를 이용한 기본적인 계산 방법에 대한 이해 역시 중요하다. 괴테는 파우스트를 구상할 때 이런 말을 남겼다.

언제나 가장 중요한 것을 기억하라. 숫자에는 비밀이 없지만 분수에는 큰 비밀이 숨어 있다.

단순한 정수 계산을 넘어선 분수의 계산에 숨어 있는 비밀은 여러 가지 놀라운 마법을 마주하게 한다. 지렛대 법칙과 사인에 대해서는 앞에서 이미 언급한 바 있다. 보다 정확히 말하자면 삼각형에 대한 기하학에서 분수 개념을 한번 다루었다고 할 수 있다.

이런 식으로 세상을 측정하는 작업, 다시 말해 기하학적 물체를 파악하는 작업은 결국 비율로 이루어진다. 비율은 분수의 형태로 표현된다. '중력은 지구 중심까지의 거리 제곱에 반비례한다'는 뉴턴의 발견 또한 분수로 표현할 수 있다. 속도 제곱에 비례하는 운동에너지에 대한 에밀리 뒤 샤틀레의 발견도 마찬가지다. 이러한 생각과 관점은 수학에 대한 일반적인 고정관념과 달리 무척이나 실용적이며, 인생을 살아가는 데도 큰 도움이 된다.

우리가 일상에서 흔히 사용하거나 마주치는 자동차와 관련해서도 이 개념을 생각해 볼 수 있다. 자동차를 운전할 때, 달리던 자동차에서 브레이크를 밟기 시작해 멈추기까지의 거리를 제동 거리라고 한다. 이 제동 거리(미터)는 10분의 1에 속도 (km/h)의 제곱을 곱해 구하는데, 이 식을 보면 속도가 높을수록 제동거리 역시 크게 증가한다는 사실을 알 수 있다.

소위 말하는 지수적 증가의 의미를 이해하는 것 역시 비례, 비율 영역에 속하는 지식이다. 앞에서 살펴본 것처럼 지수적 증가는 단순히 물리학에서뿐만 아니라 자산의 증가세 혹은 상환해야 할 빚을 계산할 때에도 유용하다. 자산의 증가세는 이미 존재하는 자산에 비례한다. 그리고 이자를 계산하려면 분수 계산이 필수적이다. 그뿐만이 아니다. 우리가 일상에서 흔히 사용하는 퍼센트 개념 또한 결론적으로는 비율의 값을 측정하는 분수 계산이다.

미지수 계산, 꼭 필요할까?

지극히 교과서적이라고 생각할 수도 있겠지만, 미지수 계산 역시 우리의 삶을 위해 반드시 배워 두어야 할 기술이다. 등식의 형태로 나타나 양변을 변화무쌍하게 이동시켜 답을 알아내는 미지수뿐만 아니라, 미래에는 실현될지도 모르지만 현재에는 '확률'이라는 이름하에 수학적으로 접근하는 미지 또한 여기에 포함된다.

주사위를 던졌을 때 떨어진 주사위가 어떤 값을 나타낼지는 미리 알 수 없다. 확실한 사실은 주사위가 나타내는 값이 1에서 6 중 하나라는 점이다. 37개의 칸이 각각 빨간색 또는 검정색으로 칠해진 카지노 룰렛에서 공이 어디로 들어가게 될지는 아무도 알 수 없다. 분명한 사실은 룰렛의 37개 칸 중 공이 0이 쓰인 칸에 들어가는 경우의 수는 오직 한 가지이며, 루즈(검은색과 빨간색으로 나뉜 룰렛에서 빨간색에 배정된 숫자에 들어가는 경우 – 옮긴이 주)에 해당하는 경우의 수는 37분의 18이라는 것이다. 이러한 미지의 결과를 계산하는 데에도 분수 계산이 필요하다. 우연이나 확률, 결과 혹은 통계의 독립 개념에 대한 기본적인 이해가 추가적으로 필요함은 물론이다.

5

숫자 세기에 숨겨진 비밀

1은 모든 수의 시작이다. 물건을 셀 때도 숫자는 1부터 시작해 하나씩 올라간다. 사실 수를 세는 일은 너무나 간단해서 '수학'이라는 거창한 이름을 붙여야 하나 싶기도 하다. 하지만 이렇게 간단해 보이는 문제에서도 실수가 발생한다면 어떨까? 심지어 우리의 직관으로는 셀 수 없을 정도로 끊임없이 이어지는 수가 있다면?

숫자를 셀 때 저지르기 쉬운 실수

수학을 사랑하는 사람들은 왜 그렇게 많은 사람들이 수학을 싫어하는지, 심지어는 수학을 혐오하기까지 하는지 이해하지 못한다. 수학을 좋아하는 사람들은 공감하지 못하겠지만, 때로는 한 번의 안 좋은 경험과 교묘한 문제가 학문 전체에 대한 인상을 뒤틀어 버리고, 수학을 좋아하고 아끼던 마음을 한순간에 혐오로 돌변시키기도 하는 법이다.

하지만 처음부터 수학을 싫어하는 사람은 없다. 이 말이

낯설고 이상하게 느껴질 수도 있겠지만, 처음 숫자를 배우고 행복에 찬 아이들을 떠올려 보자. 아이들은 이제 막 계단이나 식탁 위 접시, 바닥에 떨어진 블록 같은 눈앞의 물건들을 셀 수 있게 되었다. 그러다 어느 순간 몇 번을 반복해서 오르내려도 계단의 수가 변하지 않는다는 사실을 깨닫는다. 그렇게 어떤 것들은 오랫동안 변하지 않는다는 사실을 알게 되는 것이다. 마치 숫자처럼 말이다.

거기서 더 나아가면 아이들은 눈앞에 물건이 없는데도 주문을 외우듯 숫자를 세기 시작한다. 아이들이 세는 숫자는 점차 커진다. 부모들은 처음에야 펄쩍 뛸 듯 행복해하지만, 몇 날 며칠을 반복하는 아이들을 보면 결국엔 지쳐 버리고 만다. "64, 65, 66, 67…." 이런 숫자들은 언젠가 더 큰 수에 다다르게 된다. "97, 98, 99, 100!" 구원이다! 100에서 숫자 세기는 끝난다. 하지만 어느 순간 아이들은 숫자가 100에서 끝나지 않는다는 사실을 알아차린다. 어떤 아이들은 열정적으로 계속해서 숫자 세기를 이어나간다. "101, 102, 103, 104…." 완전히 지치거나 다른데 정신이 팔리기 전까지 말이다.

카이사르의 셈을 잘못 이해한 사제들

이렇게 간단하고 쉬워 보이는 숫자 세기에서도 실수가 발생한다면 어떨까? 이런 문제에 직면하면 숫자 세기에 혼란이 생기면서 마음속에 수학을 혐오하는 마음이 싹트게 된다.

고대 로마시대에 자신의 이름을 딴 달력을 도입한 율리우스 카이사르의 이야기가 대표적인 예시다. 그는 새 달력을 만들면서 365일이 아닌 366일로 이루어진 윤년을 4년에 한 번씩 끼워 넣었다.

지구가 태양 주위를 한 바퀴 돌면 1년이 지난다. 하지만 이 공전주기는 사실 365일로 딱 떨어지지 않는다. 측정에 따르면 지구가 태양을 공전하는 데에는 365일 5시간 49분 정도가 걸린다고 한다. 5시간 49분은 대략 6시간 정도인데, 이는 하루의 4분의 1에 해당하는 시간이다. 만약 365일로만 이루어진 1년이 계속 지나다 보면 언젠가는 달력상의 1년과 실제 우리가 경험하는 1년이 달라질 것이다. 그래서 실제 날짜와 맞추기 위해 4년에 한 번씩 윤년을 넣어 이를 맞춘 것이다.

기원전 44년 카이사르가 죽자 사제들이 연도를 세는 책임을 맡게 되었다. 그러나 이들은 카이사르의 방식을 완전히 오해하고 말았다. 이 어리석은 사제들은 첫해를 윤년으로 하고, 두 번째와 세 번째 해는 365일로 이루어진 평범한 해, 그리고 네 번째 해는 성스러운 카이사르가 말한 것과 같이 다시 윤년으로 하는 달력을 채택했다. 윤년이 한 번 지난 후 365일로 이루어진 일반적인 2년을 보낸 뒤 또다시 윤년을 보내게 된 것이다.

카이사르의 종손이자 로마제국의 초대 황제가 된 아우구스투스는 다행히 종조부의 뜻을 제대로 이해했다. 첫 번째, 두 번째, 세 번째 해가 지난 후 윤년이 오는 방식 말이다.

어디부터 '하나'로 세어야 할까

카이사르 사후 사제들이 일으킨 것과 유사한 혼란의 예시는 음악에도 존재한다. 예를 들어 4도 화음은 으뜸음과 온음계의 네 번째 음을 함께 연주하는 것을 말한다. 으뜸음, 그러니까 도는 음악에서 첫 번째 음으로 여겨진다. 따라서 4도 화음을 연주하기 위해서는 두 번째 건반인 레와 세 번째 하얀 건반인 미를 건너뛰고, 도에서부터 네 번째 하얀 건반인 파를 도와 함께 눌러야 한다. 즉 도와 파를 함께 누르는 것을 4도 화음이라고 부른다.

하지만 수학적 관점에서 볼 때 도에서 출발해 다음 첫 번째 건반은 레, 두 번째 건반은 미, 세 번째 건반은 파다. 따라서 도 다음에 오는 네 번째 건반은 솔이다. 그럼에도 음악에서는 도 - 파를 4도 화음이라고 부르며(라틴어로는 quarta, 네 번째를 의미한다), 네 건반의 간격을 갖는 도 - 솔 화음은 5도 화음이라고 부른다(라틴어로는 quinta, 다섯 번째를 의미한다).

독일에서는 이러한 혼란을 '말뚝 문제Zaunpfahlproblem'라고 부른다. 학교에서 출제할 법한 문제로 예시를 들어 보자.

10센티미터 두께의 말뚝이 11개 있다. 모든 말뚝 사이에 40센티미터의 간격을 두고 울타리를 세운다고 가정했을 때, 울타리의 총 길이는 얼마일까?

이 문제를 풀기 위해서는 주의를 기울일 필요가 있다. 말뚝은 열한 개 있지만, 이 말뚝을 모두 사용했을 때 만들어지는 말뚝 사이 간격은 총 열 개다. 따라서 이를 식으로 풀어 보면 다음과 같다.

$$11 \times 10 + 10 \times 40 = 510$$

답은 510센티미터다. 이 문제를 풀기 위해서는 말뚝 사이 간격의 수와 말뚝의 수에 차이가 있음을 유념해야 한다.

이러한 문제는 특히 시간과 관련된 문제에서 많이 찾아볼 수 있다. 유대인 남자 아이는 태어나고 8일 뒤 할례를 받는다. 화요일에 태어났다면, 그다음 주 화요일에 할례를 받는 것이다. 태어난 날은 1일로 간주된다. 예수는 죽은 지 3일 만에 부활했다. 예수가 성 금요일에 십자가에 못 박혀 죽었으므로, 사람들은 이틀 뒤인 부활절 일요일(고대 유대교 전통에 따르면 전날 일몰, 즉 성 토요일부터 시작해 부활절 일요일에 끝난다)에 예수의 부활을 축하한다.

말뚝 문제는 이야기 속에서 뿐만 아니라 생활 속에서도 사람들을 괴롭힌다. 이는 프로그래밍을 할 때 특히 두드러진다. 프로그램을 만들 때 루프loop라는 것이 있다. 단어에서 짐작할 수 있듯, 어떤 조건에 도달할 때까지 계속해서 반복되는 명령문을 의미한다. 루프를 프로그래밍할 때는 특히 주의해야 하는데, 잘못하면 입력한 수보다 한 번 더 실행되거나 적게 실행되는 경우가 있기 때문이다. 이런 문제는 프로그래머가 '이하'와 '미만'

을 잘못 이해할 때 발생한다. 가령 '7 이하의 자연수'라고 하면 1부터 7까지의 자연수를 의미한다. 하지만 '7 미만의 자연수'라고 하면 1부터 6까지의 자연수만을 의미한다. 즉 '이하'의 경우 해당 수를 포함하지만 '미만'은 해당 수를 포함하지 않는 것이다. 이런 문제는 수학에서도 종종 발생하는 문제로, 프로그래밍에서는 '하나 차이 오류Off-by-one-error'라고 한다.

숫자를 세는 아주 간단한 일에서도 이러한 오류가 발생할 수 있다는 점을 기억하자.

손으로 셀 수 없는 숫자의 발명

실수를 피하는 가장 좋은 방법은 실수가 발생하는 원인을 찾는 것이다. 수학에 대한 혐오는 대부분 어디에서 나왔는지 모를 실수를 마주하는 데서 시작된다. 사람들은 실수를 계속해서 살펴보는 것이 부끄러워 원인을 찾는 작업을 애써 회피하기도 한다.

하지만 실수의 원인을 찾는 일은 중요하면서도 흥미로운 과제다. 조금만 신경 써도 알아챌 수 있는 실수를 저질렀더라도 이를 찾아 대면하는 것은 조금도 부끄러운 일이 아니다. 서두르

느라, 혹은 부주의로 저지른 실수를 발견했을 때 '이럴 줄 알았어. 이런 실수를 하다니!'라고 생각하는 것도 당연하다. 하지만 일단 실수를 찾아낸다면 이를 바로 잡는 것 또한 어렵지 않다. 어디에서 실수를 저질렀고, 어떻게 해야 계산을 바로 잡을 수 있는지 알기 때문이다.

실수는 꾸짖어야 할 대상이 아니다. 어디까지나 실수의 원인을 찾아 배워 나가는 과정의 첫걸음일 뿐이다.

사악한 마이너스

명칭과 표시는 수학에서 가장 빈번한 오류 원인 중 하나다. 수학적 사고방식에 익숙한 베테랑에게는 여기서 오는 정교함이 매혹적으로 느껴지겠지만, 초보자나 경험이 부족한 사람들에게는 쉽지 않다. 이러한 맥락에서 보았을 때 가장 교활하고 사악한 문자는 마이너스일 것이다. 짧은 직선을 그어 놓은 단순한 모양이지만, 많은 뜻을 담고 있는 기호이기도 하다.

원래 마이너스 기호는 어떤 수에서 그보다 작은 수를 빼는 것만을 의미했다. 말하자면 12에서 5를 빼는 식이다. 매우 간단하고 일방적인 개념이다. 작은 수에서 큰 수를 뺄 수 없는 것은 당연했다. 1, 2, 3 같은 숫자들, 그러니까 일반적으로 알려져 있는 '자연수'라 불리는 이 숫자 체계에서는 말이 되지 않는 소리였다.

하지만 인류 문명이 발전하고 상업이 생겨나면서 오래전부터 사용되어 왔던 기호인 마이너스에 새로운 의미가 필요하게 되었다. 누군가 12길더의 현금이 있고 7길더의 외상이 있다면, 이 사람이 가진 순 자산은 5길더다. 반대로 7길더의 현금을 가지고 있는데 12길더가 필요해진다면 5길더의 빚을 져야 할 것이다. 첫 번째 예시에 나온 부자의 재산과 빚을 12 − 7로 기록한다면, 두 번째 예시에 나온 가난뱅이의 재산과 빚은 7 − 12로 기록할 수 있다. 이때의 숫자는 계산을 위한 수식이 아니라, 재산과 빚을 구분하는 기호일 뿐이다.

역사적으로 보았을 때 상당히 새로운 지식이라고 볼 수 있는 다음 단계는 16세기 회계 장서에서 찾아볼 수 있다. 16세기에 이르러 사람들은 처음으로 마이너스 기호를 단순히 빚과 재산을 구분하기 위한 기호가 아닌, 뺄셈 기호로 이해해야 한다는 사실을 깨달았다. 이 깨달음 덕분에 뺄셈의 개념을 확장하여 그저 큰 수에서 작은 수를 빼는 것만이 아니라 주어진 모든 숫자를 뺄 수 있게 되었다. 12 – 7 같은 뺄셈의 답은 당연히 5다. 반대로 작은 수에서 큰 수를 뺀다면, 예를 들어 7 – 12 를 계산한다면 먼저 머릿속으로 숫자들의 위치를 바꿔야 할 것이다. 12 – 7 처럼 말이다. 그다음 먼저 얻은 답인 5를 적고, 이것이 빚이자 음수 값임을 나타내는 기호를 붙인다.

음수를 나타내는 기호로 뺄셈 기호를 사용하겠다고 처음으로 마음먹은 사람은 악마에게 영혼을 팔아넘긴 것이 틀림없다. 이 아이디어 덕분에 7 – 12 = –5 라는 수식을 쓸 때, 7과 12를 나누는 마이너스(–) 기호를 확장된 의미의 뺄셈 기호로서 사용할 수 있게 되었다. 이는 7의 재산과 12의 빚을 나타내는 기호이며, 5 앞의 마이너스(–)는 기호로서 숫자 5가 재산이 아닌 빚임을 나타낸다.

이는 시작에 불과하다. 다음 단계는 마이너스를 마이너스에 대한 기호로 독립적으로 사용하는 것이다. 빚에 마이너스 표시가 한 번 더 붙으면 재산이 되고, 반대로 재산에 마이너스 표시가 붙으면 빚이 된다. 12 – 7 과 같은 수식에서 재산을 나타내는 숫자와 빚을 나타내는 숫자의 자리를 바꿔보자. 이는 간단하게 –(12 – 7) 로 나타낼 수 있으며, 7 – 12 를 의미한다. 따라서 정답은 –5다. 마찬가지로 –(7 – 12) 는 12 – 7 과 같으며,

답은 5다. 우리는 7 − 12 = −5 라는 사실을 알고 있기 때문에, −(−5) = 5 라는 결론을 얻을 수 있다. 엄밀히 말해서, 여기에 등장하는 두 마이너스 기호는 엄격하게 구분되어야 한다. 5 바로 앞에 붙은 마이너스 기호는 숫자 5를 음수인 −5로 변환하는 기호이며, 괄호 앞의 마이너스 기호는 재산과 빚의 의미를 교환하는 연산기호다.

이것만으로는 충분치 않다. 마이너스 기호를 다시 뺄셈 부호로서 이해하기 위해서는 숫자 1, 2, 3, 4, 5 … 뿐만 아니라 0과 음수 −1, −2, −3, −4, −5 … 도 같은 방식으로 뺄 수 있어야 한다. 따라서 (−7) − 12 = −19 나 (−7) − (−12) = 5 혹은 7 − (−12) = 19같은 식들이 성립할 수 있다.

마이너스 부호에 대한 훈련을 마친 사람이라면 이 부호의 의미를 헷갈리지 않을 것이다. 그 의미가 아무리 광범위하다고 해도 말이다. 이는 자동차를 모는 것과 비슷하다. 운전석에 앉은 사람은 의식하지 않고도 백미러를 쳐다볼 수 있다. 물론 운전 중 한 번이라도 손이나 페달을 잘못 움직인다면 끔찍한 결과를 맞이하게 되겠지만, 운전과 달리 학교에서는 계산에서 치명적인 실수를 저지르더라도 큰일은 일어나지 않는다. 또한 마이너스 기호가 나오는 문제에서 '바보 같은 실수'를 저지르더라도 이를 고칠 수 있는 방법을 안다면 벌보다는 칭찬을 받을 가능성이 크다.

마이너스 곱하기 마이너스는 왜 플러스일까?

아이들은 선생님에게 때때로 '바보 같은' 질문을 던지곤 한다. 선생님의 입장에서 이 질문은 굉장히 간단하고 쉬워 보이지만 만족스러운 답을 주기는 쉽지 않으며, 심지어는 아이에게 쓰디쓴 실망만을 안겨 주기도 한다. 이러한 방해물은 수학에 대한 흥미와 즐거움을 순식간에 망쳐 버린다. 참으로 안타까운 일이 아닐 수 없다.

아이들이 자주 묻는 질문 중 하나는 이것이다.

"마이너스 곱하기 마이너스는 무엇인가요?"

플러스 곱하기 플러스는 당연히 쉽게 이해할 수 있다. 플러스 곱하기 마이너스나 마이너스 곱하기 플러스도 마찬가지다. 빚에 양수를 곱하면 빚이 몇 배로 늘어나겠지만, 그래도 여전히 그 금액이 빚이라는 사실은 변하지 않는다. 하지만 '마이너스 곱하기 마이너스는 플러스'라는 사실은 쉽게 머릿속에 그려지지 않는다.

마이너스는 결국 제한 없는 뺄셈이다. 위에서 살펴본 예시인 재산과 빛 이야기를 다시 생각해 보자. 다른 예시로는 작은 숫자에서 큰 수를 빼는 것을 상상하기 힘들기 때문이다. "7명이 타고 있던 버스에서 12명이 내렸다. 버스가 비어 있기 위해서는 5명이 타야만 한다" 같은 말은 이상하게 들리지 않는가.

빛과 재산을 곱하는 문제로 돌아가 보겠다. 12 − 7에 −1을 곱하면 이는 결국 마이너스 부호를 달아주는 것과 같다. 이 사실만 잘 이해해도 '마이너스 곱하기 마이너스는 플러스'라는 설명에 다가갈 수 있다.

다음의 두 식은 동일하다.

$$(-1) \times (12 - 7)$$
$$= (-1) \times 5$$
$$= -5$$

$$-(12 - 7)$$
$$= 7 - 12$$
$$= -5$$

이는 다른 수로 바꿔 보아도 마찬가지다.

$$(-4) \times (-5)$$
$$= 4 \times (-1) \times (-5)$$
$$= 4 \times 5$$
$$= 20$$

이러한 예시를 통해 '마이너스 곱하기 마이너스는 플러스'라는 계산 규칙을 직접 눈으로 확인할 수 있다.

이 설명이 충분하지 않다면 기하학적 접근법도 도움이 된다. 곱셈은 단순히 숫자를 기반으로 한 계산, 다시 말해 산수가 아니다. 곱셈은 기하학으로도 나타낼 수 있다. 그 예로 2 × 3 = 6을 어떻게 기하학으로 나타낼 수 있는지 한번 살펴보도록 하자.

종이 위에 수평선을 그려 보자. 수평선에는 모든 음수와 0, 그리고 모든 양수가 점으로 늘어서 있다. 줄에 꿰인 구슬을 생각하면 된다. 이 점 사이의 간격은 모두 같다. 사실 수평선은 끊임없이 이어지지만, 수평선을 그릴 종이의 크기는 한정되어 있다. 그러니 간단하게 -6, -5, -4, -3, -2, -1, 0, 1, 2, 3, 4, 5, 6 정도만 써보도록 하자. 종이가 더 크다면 수평선에 이보다 더 많은 숫자를 쓸 수도 있을 것이다.

그다음에는 수평선 위 숫자 0을 관통하는 수직선을 긋는 다. 0을 기준으로 위에는 양수 1, 2, 3 … 을, 아래에는 음수 −1, −2, −3 … 을 적는다.

그럼 이제 수직선과 수평선을 이용해 2 × 3 을 계산해 보 자. 수평선에서 첫 번째 숫자인 2를 찾아 수직선 위 숫자 1과 연 결하는 직선을 긋는다. 그다음 수직선에서 두 번째 숫자인 3을 찾아 아까 그린 선에 평행한 직선을 긋는다. 수직선의 3에서 출 발한, 첫 번째 직선과 평행한 선은 수평선 위 한 지점을 통과한 다. 두 번째 직선과 수평선의 교차점은 6이다. 따라서 2 × 3 의

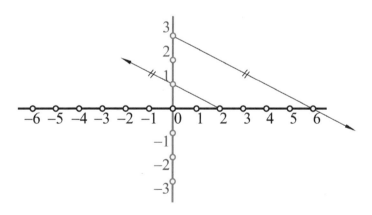

그림 15 곱셈 2 × 3 = 6 을 기하학적으로 계산하는 법.

답은 6이다.

이 곱셈 계산법을 더 자세히 알아보자. 그림 속에는 서로 닮은 삼각형이 두 개 존재한다. 0과 2를 연결하는 수평선과 0과 1을 연결하는 수직선으로 이루어진 작은 삼각형이 그 하나다. 그리고 0과 6을 연결하는 수평선과 0과 3을 연결하는 수직선으로 이루어진 큰 삼각형이 있다. 수평선 위 밑변의 길이는 각각 6과 2이며 수직선 위 높이의 길이가 3과 1인 이 두 삼각형은 서로 닮음이다. 좀 더 풀어서 설명하자면 이 두 삼각형의 관계는

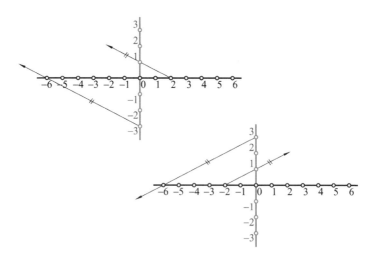

그림 16 왼쪽 위는 곱셈식 2 × (-3) = -6 을 기하학적으로 나타낸 것이다. 오른쪽 아래는 곱셈식 (-2) × 3 = -6 을 기하학적으로 나타낸 것이다.

6 : 2 = 3 : 1 과 같은 비례식으로 나타낼 수 있다. 이를 통해 방금 그린 기하학적 구조에서 얻어 낸 숫자 6은 2와 3을 곱한 값, 즉 2 × 3 의 결과 값임을 알 수 있다.

큰 삼각형은 작은 삼각형의 변을 세 배 늘린 것과 같으므로, 그림을 보자마자 답을 곧장 알 수도 있을 것이다.

아까와 같은 방식으로 2 × (−3) 또한 그림으로 표현할 수 있다. 첫 번째 숫자인 2를 수평선에서 찾아 수직선 위 숫자 1과 연결한다. 그리고 수직선에서 두 번째 숫자인 −3을 찾아 방금 전 선에 평행하게 긋는다. 이 선은 수평선 위 한 점, −6을 통과한다. 따라서 2 × (−3) = −6 임을 알 수 있다.

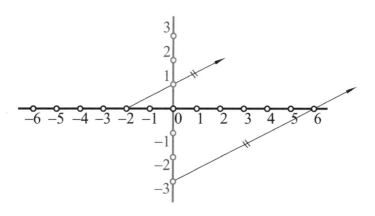

그림 17 곱셈 식 (-2) × (-3) = 6 기하학적으로 나타낸 그림.

마지막으로 (−2) × (−3) 을 계산해 보자. 이는 두 음수의 곱셈으로, 역시 그림 위에 나타낼 수 있다. 방법은 이전과 같다. 첫 번째 숫자인 −2를 수평선 위에서 찾아 수직선 위 숫자 1과 연결한다. 그리고 수직선에서 두 번째 숫자 −3을 찾아 아까 그은 선에 평행하게 긋는다. 이 선은 수평선의 한 점을 통과한다. 바로 6이다. 따라서 (−2) × (−3) = 6 이다.

이를 통해 '마이너스 곱하기 마이너스는 플러스'라는 규칙을 확실하게 알 수 있다.

무한, 끝이 없는 숫자들

"왜 숫자를 0으로는 나눌 수 없나요?"

이는 아이들이 선생님에게 자주 묻곤 하는 또 다른 '바보 같은' 질문 중 하나다. 이 질문에 대해, 아마 많은 학생들이 그저 '0으로는 나눌 수 없다'는 이야기만 듣고 넘어갔을 가능성이 크다.

하지만 이 질문을 좀 더 면밀히 살펴보자. 이는 왜 0으로 나누는 것이 '불가능'한가에 대한 질문이다. 만약 어떤 수를 0으로 나눌 수 있다면 이는 0으로 나누는 계산이 가능하다는 뜻이다. 같은 말을 반복하는 것처럼 느껴질 수도 있겠지만, 어떤 수를 0으로 나누는 것은 계산 자체가 불가능하다. 도대체 왜 그럴까?

영으로 나누기는 왜 불가능할까

왜 어떤 수를 0으로 나누는 것이 불가능한지, 그 이유를 차근차근 살펴보자.

먼저 임의로 고른 수 5를 0으로 나눌 수 있다고 가정해 보겠다. 나눗셈은 곱셈을 거꾸로 계산하는 것과 같다. 예를 들어 $10 \div 2 = 5$ 라는 수식에서 결과 값인 5는 나누려는 수 2에 곱했을 때 나누는 수 10이 나오게 되는 값이다. 따라서 5를 0으로 나눌 수 있다면 그 답은 0을 곱했을 때 5가 나오는 값일 것이다. 하지만 이러한 값은 존재하지 않는다. 0은 어느 수에 곱해도 0이 나오기 때문이다. 그러니 만에 하나 답이 존재한다고 하더라도 사람이 계산할 수 있는 숫자로 나오지는 않을 것이다.

그렇다면 이 결과 값이 특정한 숫자는 아니어도 어쨌든

존재는 한다고 해보자. 그렇다면 그 답은 '무한'이 될 것이다. 이 답은 반박할 수 없다. '무한'을 평범한 숫자처럼 계산하는 것이 불가능하다는 문제가 있기는 하지만 말이다. 예를 들어 '무한 곱하기 0'의 결과 값이 5가 아닐 이유는 없다. 하지만 마찬가지로 12나 −7이 아닐 이유도 없다.

이런 이유로 0이 아닌 숫자는 0으로 나눌 수 없다. 하지만 똑똑한 누군가는 질문을 이어 나갈지도 모르겠다.

"0을 0으로 나눌 수 있나요?"

이는 가능하다.

0 곱하기 0에 결과 값이 존재한다는 주장에는 반박할 수 없다. 심지어 그 결과 값도 너무나 당연하다. 어떠한 숫자든 자기 자신으로 나눈 값은 항상 1이기 때문이다. 하지만 동시에 1이 아닌 어떤 수라도 0을 0으로 나눈 결과 값이 될 수 있다. 누군가 0을 0으로 나눈 값이 7이라고 주장한다고 하자. 그리고는 $7 \times 0 = 0$ 을 이에 대한 근거로 제시한다. 앞에서 내내 이야기한 것처럼, 나눗셈은 곱셈을 반대로 계산하는 것과 같다. 따라서 $7 \times 0 = 0$ 이라면(이는 분명한 사실이다), $0 \div 0 = 7$ 이라는 식이 성립하지 않을 이유가 없다.

바꿔 말하자면, 0을 0으로 나누는 것은 금기사항이 아니다. 하지만 의미 있는 계산도 아니다. 0을 0으로 나누었을 때의 결과 값은 모든 수다. 이런 계산이 무슨 의미가 있겠는가. 그리고 0이 아닌 다른 수를 0으로 나누는 계산은 일반적인 수를 답으로 가지지 않는다. 답이 없는 계산은 어떠한 가치도 없다.

이를 기하학적 접근법으로 다시 살펴보겠다. 아까 $2 \times 3 = 6$ 을 계산했던 기하학 그림으로 눈을 돌려 보자. 그 그림은 나눗셈 $6 \div 3 = 2$ 를 시각화한 것이라고도 볼 수 있다. 기하학을

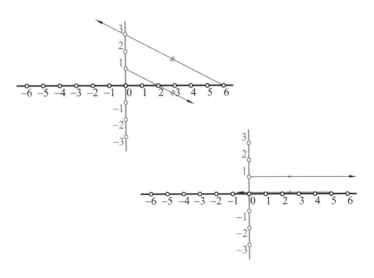

그림 18 왼쪽 위는 나눗셈 $6 \div 3 = 2$ 를 기하학적으로 나타낸 그림이다. 오른쪽 아래는 같은 방식으로 $5 \div 0$ 을 나타낸 것이다. 이 선은 수평선과 평행하며 수평선 위 점을 지나지 않는다. 따라서 이 나눗셈에는 결과 값이 존재하지 않는다.

통한 나눗셈은 다음과 같은 방식으로 답을 구할 수 있었다. 숫자 6을 수평선에서 찾은 뒤 그 점에서 수직선 위 숫자 3을 연결하는 직선을 긋는다. 수직선 위 숫자 1에서 방금 그은 선과 평행한 선을 그린다. 이 선은 수평선 위 한 점인 2를 지난다. 따라서 이것이 6을 3으로 나눈 값이다.

같은 방식으로 나눗셈 5 ÷ 0 을 풀어 보자. 숫자 5를 수평선에서 찾은 뒤 이 점에서 수직선 위 숫자 0을 연결하는 직선을 긋는다. 0은 수평선 위에 놓여 있으므로 이 연결선은 수평선과 일치할 것이다. 그다음 수직선 위 숫자 1에서 이와 평행한 선을 그린다. 수평선이다. 이 선은 수평선과 평행하며, 따라서 수평선 위의 어떠한 점과도 만나지 않는다.

보이는 바와 같이 이 식은 결과 값을 가지지 않는다.

무한은 어떻게 시작되었을까

나눗셈은 수많은 질문을 불러온다. 마지막으로 아이들이 자주 물어보는 다른 질문 하나를 다루어 보자. 설명하기 전에 예시를 생각해 볼 필요가 있다. 휴대용 계산기에 1 나누기 3을 입력해 보자. 답은 0.333333이다. 이 계산기의 액정은 작아서 숫자 일곱 개만을 나타낼 수 있다. 액정이 열두 자리 숫자를 나타낼 수 있을 만큼 크다면 결과는 0.33333333333, 즉 0.과 열한 개의 3으로 이루어질 것이다. 계산기에 미처 표시되지 못한 이 결과 값의 나머지 부분이 어떤 식으로 이어지는지는 굳이 보지 않아도 뻔하다.

나눗셈 1 ÷ 3 자체는 어찌 보면 불가능한 계산이다. 숫자 1이 숫자 3을 포함할 수 없기 때문이다. 하지만 1은 10의 10분의 1이므로, 이를 다음과 같이 나타낼 수 있다.

$$10 \div 3 \times \frac{1}{10}$$

답은 10분의 3이며, 10분의 1을 나머지로 갖는다. 1 ÷ 3 = 0.3 은 상당히 대충 어림한 값이다. 실제로 0.3에 3을 곱해도 1이 나오지 않기 때문이다. 0.3에 3을 곱하면 0.9다. 0.9에 나머지 10분의 1을 더해야 다시 1이 될 수 있다.

이번에는 1을 10 곱하기 10분의 1로 나타내는 대신 1,000 곱하기 1,000분의 1로 나타내 보자. 수식으로 정리하자면 이는 다음과 같다.

$$1{,}000 \div 3 \times \frac{1}{1{,}000}$$

333 × 3 = 999 이므로, 위 식의 값은 1,000분의 333, 즉 0.333이다. 역시나 이 값은 1,000분의 1, 0.001을 나머지로 갖는다.

소수점 아래 여섯 자리, 총 일곱 개 숫자를 나타낼 수 있는 액정을 가진 휴대용 계산기는 1을 1,000,000에 1,000,000분의 1을 곱한 값으로 생각한다. 즉 이 계산기는 1 ÷ 3 을 누르면 다음과 같이 계산할 것이다.

$$1{,}000{,}000 \div 3 \times \frac{1}{1{,}000{,}000}$$

앞에서도 보았지만, 333,333 × 3 = 999,999 이므로, 위 식의 값은 1,000,000분의 333,333, 즉 0.333333이다. 이 값 또한 여전히 1,000,000분의 1, 0.000001을 나머지로 갖는다.

좋은 계산기는 이 계산기가 내놓은 값보다 더 정확한 값을 나타낸다. 그렇기 때문에 1 ÷ 3 계산 후 표시되는 0.333333에 3을 곱하면 계산기 액정에 1이 표시된다(안타깝지만 우리가 흔히 사용하는 일반적인 휴대용 계산기로는 1이 나오지 않는다). 이는 계산기가 보여 준 결과 값이 아니라 더 정확한 내부 계산 결과 값으로 계산하기 때문이다. 하지만 계산기에 직접 0.333333을 입력하고 이 값에 3을 곱하면 당연히 결과는 1이 아닌 0.999999로 나타난다.

1÷3 의 정확한 결과 값을 알고 싶은 마음은 충분히 이해할 수 있다. 누구나 문제에 대한 정확한 값을 구하고자 할 것이기 때문이다. 하지만 어떠한 계산기의 액정도 정답을 온전히 나타낼 수 있을 만큼 클 수는 없다. 이 문제의 답은 '무한 소수'인 0.333333… 으로, 밑으로는 수없이 많은 숫자 3이 이어지기 때문이다. 무한 소수에 대한 발상은 어떻게 보면 유혹적이기까지 하다. 무한이라는 단어에 수많은 비밀이 숨어 있기 때문이다.

여기에는 또 다른 미스터리가 숨어 있다. 1 ÷ 3 = 0.333333… 에서 소수점 밑으로는 끝없이 많은 3이 이어진다. 이 무한 소수에 3을 곱한 값은 소수점 밑으로 끝없이 많은 9가 이어지는 0.999999… 이어야 할 것 같다. 하지만 소수점 밑으로 끝없이 많은 3이 이어지는 0.333333… 은 나눗셈 1÷3의 값과 일치하므로, 이 무한 소수에 3을 곱한 값은 1이 나와야 한다. 따라서 0.999999… = 1이라는 결론이 나온다.

이 사실에 의문을 가진 사람은 무한의 미지에 대한 정확한 직감을 가지고 있는 사람일 것이다. 이것은 언뜻 보기에는 누군가 아무렇게나 정해 버린 것 같지만, 그렇지 않다. 고상하고 놀라운 기술을 통해 이 무한 소수 0.999999… 와 1이 동일하다는 것을 증명할 수 있기 때문이다.

6

수학에 대한 고정관념에서 벗어나기

우리가 수학이라고 생각하고 있는 것들은 사실 이 학문의 아주 일부에 불과하다. 단순 계산과 길이 측정 같은 일은 수학의 본질과 거리가 멀다. 수학자들이 늘 매달려 연구하고, 우리 역시도 살아가는 데 꼭 필요한 수학적 능력은 바로 '문제의 본질을 꿰뚫어 보는 것'이다. 수학은 세상을 이해하는 데 없어서는 안 될 도구다.

세상을 측정하는 법

"수학의 기본은 증명이다."

니콜라 부르바키Nicolas Bourbaki의 저서 《수학의 역사Élé-ments de Mathématique》를 시작하는 문장이다. 이 책의 제목은 위대한 기하학자인 유클리드의 저서 《원론Elements》을 떠올리게 한다. 유클리드의 《원론》은 2,300여 년 전, 당시의 수학적 지식을 체계적으로 널리 퍼뜨리는 데 공헌했다. 20세기 초반까지만 해도 학교에서의 수학 수업은 유클리드의 책을 바탕으로 한 연구로 이루어졌다. 이 책은 성경을 제외하고 수 세기를 통틀어 전 세계에서 가장 많이 읽힌 책으로 꼽힌다. 미국 초대 대통령 에이브러햄 링컨은 미국 하원 의원이었던 시절부터 비극적인 죽음을 맞이한 그 순간까지 유클리드의 《원론》을 가까이 하고 열정적으로 탐구했다.

사실 《수학의 역사》를 저술한 니콜라 부르바키는 한 사람이 아니라, 20세기 프랑스의 수학 선구자들이 모여 만든 단체의 가명이었다. 이들이 가진 목표는 하나였다. 유클리드보다 더 정확하고, 더 광범위하고, 수학의 요소를 더 깊이까지 정리한 책을 내놓는 것이었다. 니콜라 부르바키가 꿈꾸던 이 기념비적인 계획이 성공하지 못했다는 점은 잠시 미뤄 두자. 이 책은 설명이 지나칠 정도로 간결하고 추상적이어서 내용을 이해하기가 쉽지 않았다. 대학이나 학교에서는 이 책을 거의 인용조차 하지 않았다.

당장 이 책에서도 《수학의 증명》에서 말하는 본론보다 책의 첫 문장이 가지는 의미에만 관심을 가지고 있지 않는가. 다시 말해 수학은 곧 증명에 관한 학문이라는 점 말이다.

바빌론의 60진법

혹시라도 부르바키의 책을 깊이 탐독한 사람이 있다면 앞에서 그 책의 첫 문장을 완전히 인용하지 않았음을 눈치 챘을 것이다. 사실 그 책의 첫 문장은 이러하다.

그리스 시대부터 수학의 기본은 증명이다.

부르바키의 말에 따르면, 수학은 고대 그리스의 전성기 이전부터 존재했다. 고대 이집트에서도 나일 강이 범람할 때 마다 밭을 새로 측정했다. 밭의 면적을 측정하려면 기하학적 지식이 필요하다. 천문학으로 유명한 메소포타미아에서는 열두 개의 별자리를 기준으로 긴 자를 이용하여 해와 달, 별의 움직임을 추적할 수 있었다. 정확성이 높았던 것은 물론이다. 이들은 놀라울 정도로 정확하게 시간을 계산해 냈으며, 심지어는 일식도 정확하게 예측할 수 있었다.

하지만 메소포타미아의 바빌론에서도 별이 우리에게서 얼마나 멀리 떨어져 있는지는 알 수 없었다. 이를 알아내려면 별의 연주시차라는 것을 이용해야 한다. 이는 지구가 태양 주위를 공전하며 생겨나는 관측상의 별의 위치 차를 통해 지구와 별 사이의 거리를 구하는 방법이다. 자세히 설명하자면 삼각함수까지 나오게 되어 복잡하기는 하지만, 간략하게 요약하자면 지구와 별 사이의 거리를 구하기 위해서는, 우리가 거리를 구하고자 하는 별과 측정시 기준이 되는 별(주로 태양을 이용한다), 그리고 지구가 이루는 각도를 정확히 측정할 수 있어야 했다. 즉 별까지의 거리를 구하기 위해서는 각도의 측정이 필수적이었다.

원을 360도로 나눈 것은 인류 역사상 첫 눈금 매기기였다. 바빌론 사람들이 왜 원을 굳이 360도로 나누었는지는 알 수 없다. 어쩌면 1년의 날짜 수와 연관이 있을지도 모른다. 하지만 태양력으로 1년은 365일과 4분의 1일이므로 아주 정확하지는 않다. 또한 바빌론은 양력이 아니라 음력을 사용했다. 이에 따르면 한 달은 29일 혹은 30일의 반복이었다. 실제로 보름달에서 다음 보름달이 뜨기까지는 29일하고 2분의 1일이 필요하다. 이러한 달이 열두 개 있으면 음력으로 센 1년은 354일이다.

바빌론 사람들은 이렇게 센 1년이 현실의 1년을 반영하지 못한다는 사실을 알고 있었다. 이들은 이를 교정하기 위해 19년 동안 음력 달 열두 개로 이루어진 1년 사이에 일곱 개의 윤달을 넣었다. 이렇게 365일에 4분의 1일이 더해진 양력 해의 날수와 354일인 음력 해의 날수의 평균은 360으로, 말하자면 이 둘 사이에 어찌저찌 타협을 이루었다고 할 수도 있겠다. 평균이 360일이 된 데에는 또 다른 장점이 있는데, 360은 나머지를 남기지 않고 다양한 수로 나눌 수 있기 때문이다.

각도기 사용하기

위의 사례에서 알 수 있듯, 원을 360도로 나눈 역사는 무척 오래되었다. 아이들은 어릴 때부터 180도까지 표시된 반원형의 각도기를 다룬다. 자를 이용한 길이 재기를 제외하면, 각도기로 각도를 읽는 것은 어린 아이들이 처음으로 해내는 측정이다. 이는 굉장히 의미 있는 연습이다. 측정에는 인내심과 정확성, 경험을 필요로 한다는 사실을 배울 수 있기 때문이다.

각도기를 각 위에 올바르게 놓는 작업은 열두 살 아이들에게도 쉽지 않다. 각은 공통의 한 점, 소위 말하는 꼭짓점에서 뻗어 나오는 두 직선을 통해 형성된다. 이 직선을 '변'이라고 한다. 아이들은 아직 무르익지 않은 손가락으로 각도기의 중심이 정확히 꼭짓점에 오도록 올려놓는다. 하지만 각도기의 밑금과 일치하게 놓여야 하는 한쪽 변은 이 밑금에서 빗겨 나가기 일쑤다. 아이들이 각도기를 제대로 올려두었다고 믿는 그 순간, 각도기의 중심은 꼭짓점에서 빗나간다. 열심히 각도기를 이리저리 옮긴 다음에야 마침내 각을 측정할 수 있다. 이제 각도기의 중심은 정확히 꼭짓점에 있으며 각의 한 변은 정확히 밑금과 일치하게 놓여 있다. 남은 건 각의 두 번째 변을 통과하는 눈금을 읽는 것뿐이다.

하지만 이 또한 문제 없이 이루어지지는 않는다. 각의 두

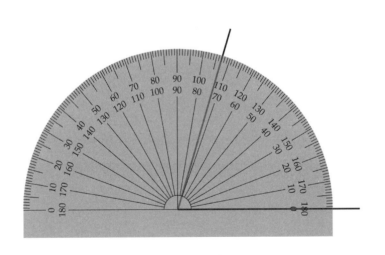

그림 19 각도기를 통한 각의 측정.

번째 변이 지나는 작은 눈금을 읽는 것 역시 쉽지 않다. 각도기의 작은 눈금은 두 개의 긴 눈금 사이에 그려져 있다. 각의 두 번째 변이 지나가는 작은 눈금에서 세 칸 떨어진 긴 눈금에는 두 개의 숫자가 적혀 있다. 70과 110이다. 작은 눈금에서 일곱 칸 떨어진 다른 한쪽의 긴 눈금에는 두 숫자 80과 100이 함께 쓰여 있다. 어떻게 여기에서 각의 크기를 알 수 있을까?

이러한 혼동을 방지하려면 각을 실질적으로 측정하기 전에 우선 그 각이 예각인지 둔각인지를 판단해야 한다. 그래야만 측정하려는 각도가 73도인지 107도인지 알 수 있으니 말이다.

끈질긴 연습만이 각도 측정의 대가를 만드는 법이다.

수학적 증명에 담긴 설득력

각도를 측정하기 위해서는 꽤나 오랜 시간 공들여 공부해야 한다. 초등학교 수학 공부 중에는 삼각형 내각의 각도를 측정하는 과정이 있다. 우선 삼각형을 그려서 연습해 보자. 원활한 측정을 위해, 이 삼각형의 변은 각도기의 눈금을 지날 만큼 충분히 커야 한다. 아이들은 이 삼각형을 이루는 내각의 각도를 측정한다. 이 과정을 정복하기 위해서는 꽤 많은 노력이 필요하지만, 결국에는 삼각형의 세 내각을 더할 수 있을 것이다.

"저는 178도가 나왔어요." 첫 번째로 끝낸 루카스가 말한다. "저는 181도가 나왔어요." 스테파니가 말한다. "저는 180도요." 마리온이 말한다. "저도요." 다른 아이들도 각자 측정치를 말한다. 그 와중에 알렉산더가 자랑스러운 목소리로 외친다. "저는 256도 나왔어요!"

처음부터 완벽하게 측정하기는 쉽지 않다. 앞서 본 것처럼 측정하는 도중에 각도기가 흔들릴 수도 있고 연필 선의 굵기에 따라 1~2도의 차이가 발생할 수 있기 때문이다. 하지만 알렉산더는 계산이나 측정을 제대로 한 것이 맞는지 다시 한번 살펴볼 필요가 있다.

탈레스의 삼각형

어쨌거나 고대 그리스의 기하학자들과 메소포타미아의 천문학자들은 여기 이 아이들과 같은 관점으로 삼각형을 바라보았다. 이들에게 삼각형은 일종의 측정 대상이었다.

이에 반해 고대 그리스의 수학자들은 삼각형을 더 깊이 파고들었다. 직각삼각형에 대한 놀라운 정리를 만들어 낸 피타

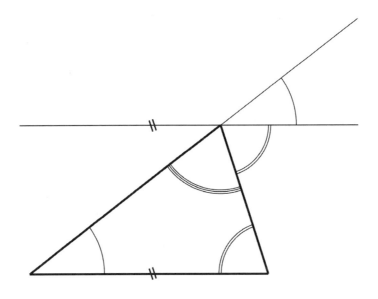

그림 20 기하학을 통해 삼각형의 세 내각의 합이 180도임을 증명할 수 있다.

고라스를 가르쳤던 탈레스와 밀레투스는 삼각형에 대해 연구하다가 놀라운 사실을 발견하기도 했다. 그림 20을 보자.

탈레스는 먼저 삼각형의 한쪽 변이 수평이 되도록 삼각형을 놓았다. 그리고 수평하지 않은 삼각형의 나머지 두 변 중 하나에 직선을 그려 길게 연장했다. 그림 20을 기준으로 보자면 왼쪽 아래에서 출발해 꼭짓점을 지나 계속 뻗어나가는 직선을 덧그린 것이다. 마지막으로는 위의 꼭짓점을 통과하면서 밑변과 평행한 수평선을 하나 그렸다.

탈레스의 말에 따르면, 삼각형 왼쪽 아래의 내각은 삼각형 위 꼭짓점을 통과하는 평행선과 길게 늘어난 왼쪽 삼각형 변 사이의 각과 같다. 이번에는 삼각형의 오른쪽 부분을 살펴보자. 이 삼각형의 오른쪽 아래의 내각은 위쪽 수평선과 삼각형의 오른쪽 변이 만나는 각과 동일하다. 평행한 두 변을 가로지르는 직선에 의해 만들어진 엇각이기 때문이다. 삼각형의 모든 내각은 삼각형의 위 꼭짓점에서 만난다. 탈레스는 이러한 과정을 통해 놀라운 사실을 발견한다. 삼각형 내각의 각도를 모두 더하면 180도가 된다는 사실 말이다.

이 증명 과정이 사람들을 설득하는 방식은 참으로 인상 깊다. 탈레스의 논리를 따라가다 보면 그저 고개를 끄덕일 수밖에 없다. 이 논리에 따르면 지금 우리가 예시로 든 삼각형뿐만 아니라 모든 삼각형에 이 규칙이 그대로 적용된다는 사실을 알 수 있다.

이 사실을 들은 베라는 선생님에게 서둘러 자신이 그린 삼각형을 보여 주며 말한다. 그녀의 말에는 확신이 서려 있다. 자신이 정확히 측정했으며, 계산도 틀리지 않았지만 세 각의 합은 179도가 나왔다는 것이다. 하지만 이런 반론에 대해 선생님은 아이를 실망시킬 수밖에 없다. 어쩌면 베라의 그림이 약간

엉성했거나, 측정할 때 각도기를 정확한 위치에 놓지 않았을지도 모른다. 혹은 종이가 약간 휘어 있었는지도 모른다. 어쨌거나 179도라는 측정값은 어딘가 잘못되어 나온 값일 것이다. 베라는 선생님이 삼각형이 그려진 종이를 보지도, 직접 각도를 다시 측정하지도, 검산하지도 않는다는 데 놀란다. 사실 선생님은 그럴 필요도 없다. 베라의 삼각형이 수학적으로 옳게 그려졌다면 세 각의 합이 180도여야만 한다는 사실을 알고 있기 때문이다.

어쩌면 베라가 그린 삼각형은 수학적으로 이상적인 삼각형과 일치하지 않을지도 모른다. 선생님이 베라에게 그 정도는 양보할 수 있을 것이다. 실제로 그럴 수도 있다. 베라의 삼각형은 종이 위에 존재하지만, 이상적인 삼각형은 오직 우리의 관념 속에만 존재하기 때문이다.

평면을 정복한 피타고라스

앞서 말했듯 수학적 증명은 설득력을 가진다. 이에 대한 두 번째 예시로 기하학의 기본이 되는 중요한 지식을 살펴보도록 하자.

헤르만과 도로테아 ― 이 두 이름은 괴테의 이야기 《헤르
만과 도로테아》에서 빌려 왔다 ― 는 공통의 한 점에서 출발하
여 둘 모두 동쪽으로 향한다. 헤르만은 3킬로미터를, 도로테아
는 4킬로미터를 이동한다. 그러면 이 둘 사이의 거리는 1킬로
미터다.

다시 헤르만과 도로테아는 공통의 한 점에서 출발한다. 이
번에는 헤르만은 동쪽으로, 도로테아는 서쪽으로 향한다. 헤르
만은 다시 3킬로미터를, 도로테아는 다시 4킬로미터를 이동한
다. 이 경우 이 둘 사이의 거리는 7킬로미터다.

또다시 헤르만과 도로테아가 공통의 한 점에서 출발한다.
이번에는 헤르만은 북쪽으로, 도로테아는 동쪽으로 향한다. 헤
르만은 다시 3킬로미터를, 도로테아도 다시 4킬로미터를 이동

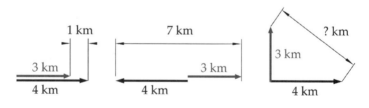

그림 21 헤르만과 도로테아의 세 가지 여행.

한다. 하지만 이전의 두 경우와는 달리 이번에는 이 둘 사이의 거리가 얼마인지 쉽게 알 수 없다. 앞의 두 예시에서는 간단하게 $4 - 3 = 1$ 과 $4 + 3 = 7$ 로 계산할 수 있었지만, 세 번째 예시의 경우 덧셈과 뺄셈을 이용한 간단한 계산으로 나타내기 쉽지 않다. 물론 지도에 두 사람의 위치를 표시해 자로 이 둘 사이의 거리를 측정할 수 있을 것이다. 그리고 — 물론 중간에 측정 실수를 저지를 수도 있지만 — 측정에 따르면 이 둘 사이의 거리는 5킬로미터다.

당연한 말이지만, 세 번째 예시는 이전 두 예시와 질적으로 다르다. 세 번째 여행의 경우 동서로 이어지는 일차원적인 직선 길에서 벗어나기 때문이다. 어찌 보면 세 번째 여행을 통해 헤르만과 도로테아가 이차원을 '정복'했다고 말할 수도 있을 것이다.

그림 21을 보면 동서 방향과 남북 방향은 서로 직각을 이루고 있음을 알 수 있다. 이는 어쩌면 고대 이집트에서도, 분명하게는 바빌론의 학자들 또한 알고 있던 사실이었다. 바로 이 사실로부터 세 번째 여행에서 헤르만과 도로테아의 이동 후 거리가 5킬로미터임을 알 수 있다. 이전의 두 예시에서처럼 계산을 통해서 말이다. 물론 이를 계산하기 위해서는 단순한 덧셈과

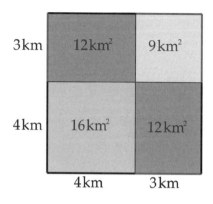

뺄셈으로는 부족하겠지만 말이다. 이를 증명해 내는 데 성공한
사람이 바로 피타고라스다.

　피타고라스는 이 둘의 이동거리를 나타낸 두 선, 즉 4킬로
미터와 3킬로미터의 합을 한 변의 길이로 가지는 정사각형이
있다고 가정했다. 이 사각형은 그림 22와 같다.

　이 사각형의 넓이를 계산하기는 어렵지 않다. 우선 한 변
이 7킬로미터인 정사각형의 넓이는 7 × 7 = 49제곱킬로미터였
다. 또한 이 정사각형의 한 변은 3 + 4 = 7킬로미터로 이루어져
있으므로, 이 정사각형 안에는 4 × 4 = 16제곱킬로미터의 면적
을 가지는 큰 사각형과 3 × 3 = 9제곱킬로미터의 면적을 가지

는 작은 사각형이 존재한다.

두 정사각형을 제외하고 남은 공간을 차지하는 두 직사각형의 변의 길이는 각각 3킬로미터와 4킬로미터이므로, 각각 12제곱킬로미터의 면적 ― 직사각형이 두 개이므로 총 24제곱킬로미터다 ― 을 갖는다.

따라서 이 네 사각형을 합한 면적은 다음과 같이 나타낼 수 있다.

$$16 + 9 + 2 \times 12 = 49$$

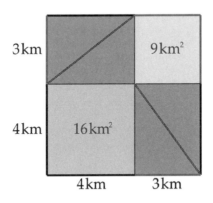

그림 23 두 직사각형을 대각선으로 나눈다. 여기에서 생겨난 네 개의 직각삼각형은 큰 정사각형 안에서 움직일 수 있다.

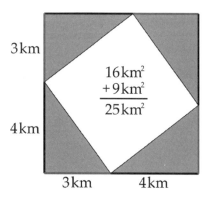

 내부 설명: 3km, 4km, 16km², +9km², 25km², 3km, 4km

그림 24 한 변의 길이가 7킬로미터인 큰 정사각형 안에서 네 개의 직각삼각형을 위와 같은 방법으로 밀어 옮긴다. 삼각형의 빗변은 면적이 25제곱킬로미터인 정사각형을 이룬다. 5 × 5 = 25 이므로, 직각삼각형의 빗변 길이는 5킬로미터여야 한다.

그다음 피타고라스는 두 직사각형에 대각선을 그어 둘로 나누었다. 이렇게 하면 두 직사각형은 네 개의 직각삼각형으로 나뉘며, 이 삼각형의 밑변과 높이는 직사각형과 마찬가지로 각각 3킬로미터와 4킬로미터가 된다.

피타고라스는 밑변이 4킬로미터이고 높이가 3킬로미터인 이 네 개의 직각삼각형을 한 변의 길이가 7킬로미터인 원래의 큰 정사각형 안에서 이리저리 밀어 옮겼다. 삼각형의 직각 부분이 정사각형의 직각 부분과 일치하도록 옮긴 것이다. 이렇게 하면 삼각형의 빗변은 처음의 큰 정사각형 안에서 약간 회전한 것처럼 보이는 작은 정사각형을 형성한다.

우리는 이 약간 돌아간 형태의 작은 정사각형의 한 변의 길이(우리가 이 과정을 통해 구하려고 하는 바로 그 값이다)는 알 수 없지만, 면적은 구할 수 있다. 피타고라스 역시 정사각형 한 변의 길이를 몰라도 작은 정사각형의 면적을 구하는 방법을 알아냈다. 큰 정사각형의 면적에서 네 직각삼각형의 면적을 빼면 이 정사각형의 면적이 나오기 때문이다. 다시 말해 그림 24에서 하얀 정사각형의 넓이는 큰 정사각형의 면적에서 밑변과 높이의 길이가 각각 3킬로미터와 4킬로미터인 두 직사각형의 면적을 뺀 값과 같다. 방금 살펴본 세 개의 정사각형 그림 중 첫 번째인 그림 22를 살펴보자. 커다란 정사각형에서 두 직사각형의 면적을 빼면 변의 길이가 각각 4킬로미터, 3킬로미터인 내부 정사각형의 면적을 더한 값이 나온다.

피타고라스는 이와 같은 과정을 통해 새로운 사실을 발견해 냈다. 직각삼각형의 빗변으로 이루어진 정사각형의 면적은 삼각형의 밑변을 변으로 갖는 정사각형과 높이를 변으로 갖는 정사각형의 면적을 더한 값과 같다는 사실 말이다. 이것이 바로 그 유명한 피타고라스의 정리다. 이를 간단히 줄여 수학 교과서에서는 흔히 $a^2 + b^2 = c^2$ 이라는 주문 같은 공식으로 소개하곤 한다(짐작하겠지만 a와 b는 직각삼각형의 밑변과 높이, c는 빗변을 의미한다).

위에서 살펴본 바와 같이 밑변과 높이의 길이가 각각 4킬로미터, 3킬로미터인 직각삼각형의 빗변을 한 변으로 가지는 정사각형은 16제곱킬로미터 더하기 9제곱킬로미터, 즉 25제곱킬로미터의 면적을 갖는다. 따라서 헤르만이 북쪽으로 3킬로미터, 도로테아가 동쪽으로 4킬로미터를 이동했다면 굳이 지도를 통해 이 둘의 거리를 굳이 측정할 필요가 없다. 피타고라스의 법칙에 따라 둘 사이의 거리를 계산할 수 있기 때문이다. 답은 정확히 5킬로미터다.

만약 측정을 했는데 다른 값이 나왔다면 이는 틀린 값이다. 어쩌면 측정할 때 자를 정확히 놓지 않았을지도 모른다. 단순히 눈금을 잘못 읽은 것일 수도 있고 헤르만과 도로테아가 완전히 직선으로 움직이지 않았는지도 모른다. 삼각형 내각의 합에 대한 증명과 마찬가지로 피타고라스의 증명은 틀릴 수가 없다. 적어도 종이가 아닌 머릿속에 존재하는 이상적인 직각삼각형에서는 말이다.

끝이 없는 증명

측정은 수학 본질의 털끝조차 스치지 못한다. 계산도 마찬가지다. 반면 증명은 수학 그 자체다. 모든 증명은 새로운 문제를 만들어 낸다. 어떤 문제들은 아이들도 풀 수 있을 만큼 쉽고, 때로는 말도 안 되게 답을 구하기 어렵다. 하지만 결국에는 언제나 모든 비판을 이겨내고 명확한 논리를 가지는 답이 주어지기 마련이다.

어떤 사람들은 수학적 증명에 완전히 매료된다. 다른 사람들은 어깨를 으쓱하며 별 생각 없이 지식을 수용한다. 수학적 증명에 매료되지 않는 사람들에게 억지로 이를 주입시키는 것은 셰익스피어 희곡의 제목처럼 '사랑의 헛수고'나 다름없다. 또한 수학적 증명에 흥미를 가지고, 심지어는 매력을 느끼는 사람이라도 증명을 변형시킬 정도의 능력을 가지는 것은 아니다. 설령 그 증명이 아주 쉬운 과정이라고 해도 말이다. 이는 조금도 슬퍼할 일이 아니다. 탈레스나 피타고라스, 유클리드가 이해했던 것과 마찬가지로, 학교에서는 아이들의 이해 수준에 맞추어 적절한 만큼의 수학만을 가르쳐야 한다. 공부에 대한 의무를 강제하지 말아야 하는 것은 물론이다.

하지만 스스로 무언가를 증명해 낼 정도의 수학적 재능이 없는 사람들이라도 저명한 수학자들의 증명을 이해할 때 즐거움을 느낄 수 있다. 문제의 본질을 꿰뚫어 보는 것, 근본적인 개념을 이해하는 것, 그리고 탄탄한 기반 위에 지식의 건물을 세우는 것. 바로 이것이 진실하고 영원한 행복으로 가는 열쇠다.

자연의 이치를 설명하는 언어, 수학

수학은 비현실적이고 이해할 수도 없으며 실생활에서 활용할 수도 없다. 게다가 아주 작은 실수조차 용납하지 않는 것처럼 보인다. 수학 문제를 풀다 보면 때로는 이 학문이 우리가 언제 실수를 저지르는지 눈에 불을 켜고 감시하는 것 같은 느낌이 들기도 할 것이다. 만약 정말 그랬다면 수학은 학교에서 배우는 과목으로서 적합하지 않았을 것이다.

하지만 사실 수학은 학교 과목으로 굉장히 적합하다. 예비 과정을 마친 고대 그리스의 학생들은 언어를 문법, 수사법, 변증법에 따라 올바르게 활용하는 법을 배웠다. 이 배움의 과정을 세 개의 길, 즉 트리비움Trivium이라고 하며, 여기에 수학을 함께 배웠다. 이는 상당히 훌륭한 교육 과정이라고 할 수 있다. 기본적인 교육 과정에 해당하는 트리비움 이후에는 콰드리비움Quad-rivium, 즉 네 개의 길이라는 것을 배웠는데, 이는 산수에 해당하는 순수 계산과 음악(음악에서의 화음과 불협화음은 음 사이의 일정 간격을 통해 형성되며, 비율을 이용해 나타낼 수 있다)을 포함하는 응용 계산, 기하학인 순수 공간 이론, 그리고 천문학인 응용 공간 이론까지 네 가지 수학 원론으로 이루어져 있었다.

현대에 들어서자 수학의 의미는 더욱 명확해졌다. 수학을 기반으로 한 망원경과 현미경의 발명 — 여기에는 수학의 일종인 기하 광학이 활용된다 — 을 통해 완전히 새로운 세상을 발견할 수 있었기 때문이다. 또한 컴퍼스와 육분의(각도와 거리를 정확하게 재기 위해 사용하는 광학 기계 – 옮긴이 주)를 사용한 측정을 통해 지도 제작 기술이 한층 정교해졌으며, 이는 전 지구로 향하는 항해로를 열어 주었다. 물리와 기술은 수학의 도움으로 성공을 거머쥘 수 있었다. 화학도 마찬가지다. 수학적 과정을 통해 물체의 특징과 화학적 반응 과정을 알아낼 수 있게 되면서 비로소 화학은 연금술의 수준을 벗어날 수 있었다. 다른 과학 분야도 마찬가지로 수식을 적용하기 시작하면서 정확성을 뽐낼 수 있게 되었다.

세상을 이해하기 위한 언어

솔직히 말해 그 누구도 어쩌다 수학이 세상의 모든 것을 설명할 수 있는 도구가 되었는지 알지 못한다. 수학은 사람이 만들어낸 추상적인 발명품에 불과하기 때문이다. 세상 어디에서도 숫자 그 자체와 마주칠 일은 없다. 숫자 5를 나타내기 위해서 모든 손가락을 쫙 편 손을 보여 줄 수는 있지만, 그렇다고 손 안에 숫자가 존재하는 것은 아니다. 이때 내보이는 것은 단순히 손가락일 뿐이다. 숫자 5는 오직 관찰자의 머릿속에만 존재한다.

어디에도 숫자는 실제로 존재하지 않는데 어떻게 세상을 숫자로 설명할 수 있는 것일까? 저명한 물리학자이자 노벨상 수상자인 유진 위그너Eugene Wigner 역시 같은 의문과 경이로움을 느꼈다. 그는 이에 대한 놀라움을 《자연과학에서의 이해할 수 없는 수학의 유효성Unreasonable Effectiveness of Mathematics in the Natural Sciences》이라는 책에서 서술한 바 있다. 위그너는 이렇게 말했다.

수학의 언어는 마치 자연 법칙을 공식으로 나타내기 위해 만들어진 것처럼 보인다. 이 놀라움은 그 누구도 이해할 수 없다. 단지 예상치 못한 선물처럼 느낄 뿐이다.

수학의 유용함에 대해 갈릴레오 갈릴레이가 1623년 출판한 저서 《분석자Il Saggiatore》에서 혜성에 대해 쓴 문장 또한 유명하다.

실제 세상 속 모든 지식은 우리 눈앞에 언제나 펼쳐진 채로 놓여 있는 거대한 책 속에 쓰여 있다. 바로 우주다. 하지만 이를 어떤 언어로 이해해야 하는지, 어떤 글자로 되어 있는지를 알지 못하면 이 안에 쓰인 것을 이해할 수 없다. 이는 수학의 언어로 쓰여 있으며, 글자는 삼각형, 원 그리고 다른 기하학적 도형으로 이루어져 있다. 수학 없이는 이 중 한 단어도 이해할 수 없다. 단지 어두운 미로 속에서 속절없이 길을 잃을 뿐이다.

갈릴레이와 유진 위그너를 비롯한 석학들이 수도 없이 증명했듯, 수학은 결코 비현실적인 학문이 아니다.

미지수에 대한 오해

하지만 많은 사람들이 불평하듯, 수학은 도무지 이해하기 힘들다.

아주 어릴 때부터 수학 수업을 듣는데도 불구하고, 많은 사람들은 수학 이야기를 듣거나 수학 문제와 마주치게 되면 소위 말하는 '어두운 미로 속에서 속절없이 길을 잃는' 저주를 받게 된다. 적어도 갈릴레이가 말한 '수학의 언어'에 따르면 수학의 글자는 '삼각형, 원 그리고 다른 기하학적 도형'으로 이루어져 있다. 이것은 머릿속에 그려내기 한결 수월하다. 하지만 '수학의 언어' 중에는 a, b, c나 x, y, z 같은 숫자도 도형도 아닌 진짜 글자 역시 존재한다. 이런 것으로 도대체 무엇을 그려낸단 말인가.

예를 들어 피타고라스의 법칙을 그저 'a제곱 더하기 b제곱은 c제곱이다'라고 표현한다면 수학이 이해하기 어렵다는 비난에 직면했을 때 할 말이 없다. 차라리 '아브라카다브라' 같은 마법 주문이 훨씬 이해하기 쉬울 정도다. 실제로 'a제곱 더하기 b제곱은 c제곱'을 주문 외듯 말하는 것만으로는 아무것도 이루어지지 않는다. 외치는 행위 자체가 수학과 관련이 없는 것은 물론이다. 바람직하지 못한 수학 수업이라면 모를까.

머릿속 의문은 선생님이 숫자를 a라고 부르기 시작하면서 피어오르기 시작한다. 학생은 질문한다.

"어떻게 숫자를 a라고 생각할 수 있나요? a는 숫자가 아니잖아요!"

참으로 맞는 말이다. 이에 대한 대답을 듣지 못하면 앞으로 이 학생은 간단한 수학 공식조차 이해하지 못할 것이다. 물론 눈이 보이지 않는 사람도 페인트와 붓을 들 수 있고, 어찌저찌 사용법도 배울 수는 있을 것이다. 하지만 이를 진정으로 이해하기는 어려울 것이다. 수학도 마찬가지다.

선생님은 어떻게 숫자를 a라고 생각할 수 있는 걸까? 이에 대한 대답은 명확하다. 선생님이 수학 천재라고 해도 a를 숫자라고 생각하지는 못한다. 실제로도 a는 숫자가 아니라 알파벳이기 때문이다. 선생님은 글자인 알파벳을 숫자를 상징하는 무언가로 생각할 뿐이다. 이 숫자가 정확히 어떤 숫자인지 알지 못하기에 이를 표시하고자 넣은 문자에 불과하다. 선생님이 이 것을 'a라고 생각하자'고 말한다면 중간에 많은 말이 생략된 것이다. 수학 전문가가 아니면 알아 들을 수 없는 것은 물론이다. 엄밀히 말하면 선생님은 이렇게 말해야 한다.

"이제부터 알파벳 a에 대해 생각해 보자. 이 문자는 지금 알지 못하는 어떤 숫자를 상징하는 것이란다."

수학 전문가들은 이런 말이 너무 복잡하다고 생각했다. 이 들은 '이것은 숫자다'라고만 말해도 그 의미를 빠르게 이해할 수 있기 때문이다. 사실 정확하게 말하기 위해서는 '이 알파벳 은 숫자를 상징한다'라고 제대로 말해야 한다.

공자는 삶에 대해 다음과 같은 명언을 남겼는데, 이는 수 학에도 그대로 적용된다.

언어가 올바르지 않으면, 말과 생각은 일치하지 않는다. 말이 올 바르지 않으면 글도 올바르지 않다. 글은 널리 퍼지지 않을 것이 며, 전통과 예술이 무너질 것이다. 그렇기 때문에 올바른 말을 쓰 도록 늘 주의를 기울여야 한다.

수학계에서는 숫자를 a, b, c부터 x, y, z까지 쏟아지는 엉성한 글자로 표현해도 된다. 하지만 학교에서는 말과 생각이 일치하도록 옳은 단어를 사용해야 한다.

수학 선생님은 '숫자 a'를 공식에 넣고 마치 마술을 부리듯 식을 몇 번 변형시켜 '숫자 a'는 7이라는 답을 도출해 낸다. 인류 역사를 통틀어 가장 똑똑한 수학자였던 아르키메데스조차 이런 과정은 이해하지 못했을 것이다.

고대 그리스에 살았던 아르키메데스는 계산을 시작하기 전부터 당시에는 알파라고 읽었던 알파벳 a가 어떤 숫자를 의미하는지 정확히 알고 있었다. 알파는 1이다. 고대 그리스의 알파벳에서 알파는 첫 번째 문자였기 때문이다. 알파가 숫자 7을 나타낸다고 한다면 아르키메데스는 말도 안 된다고 생각했을 것이다. 7을 나타내는 글자는 그리스어로 제타라고 읽는 알파벳 z이기 때문이다.

고대 그리스에서는 숫자를 그리스 알파벳으로 나타냈다. 알파α는 1, 베타β는 2, 감마γ는 3, 이런 식으로 10을 의미하는 알파벳 이오타ι까지 이어졌다. 그 다음은 십 단위의 숫자가 이어진다. 카파κ는 20, 람다λ는 30 같은 식으로 말이다. 그리스 알파벳 파이π는 아르키메데스에게 80을 의미했을 것이다. 원의 둘레와 지름의 비율인 원주율을 이렇게 부르는 대신 말이다. 참고로 둘레를 의미하는 고대 그리스어 단어 페리메트 론περίμετρον의 첫 글자에서 유래한 원주율 파이는 웨일스의 수학자 윌리엄 존스William Jones가 붙인 이름이며, 18세기 초에야 처음 등장했다.

이렇듯 고대 그리스에서는 알파벳을 숫자로 사용했기 때문에 그리스 수학자들은 알파벳으로 미지수를 나타내겠다는 생각을 할 수조차 없었다. 기호가 나타내고자 하는 바와 실제로 의미가 일치하지 않았기 때문이다. 기독교에서 부활의 상징으로 쓰이는 십자가가 사실은 처형대였던 것과 비슷하다.

이러한 이유로 고대 그리스의 수학자들은 미지수를 사용하지 않고 오로지 숫자로만 계산하거나 — 고대 그리스의 전성기 이후에 활동했던 수학자 디오판토스는 미지수를 사용하기는 했다 — 기하학에 매진했다. 편의를 위해 한 점에 알파벳이나 숫자를 부여하는 것 역시 마찬가지였다. 알파벳과 숫자 모두 점 자체를 의미하지는 않기 때문이다. 이 때문에 반대로 점을 지칭하는 기호로 알파벳이 적합하긴 하지만 말이다.

즉 '알파벳으로 계산하기'의 시대를 연 대수학은 고대 그리스의 수학자들에게는 너무나도 먼 이야기였다. 하지만 명확한 언어로 설명한다면 수학은 절대 이해할 수 없는 무언가가 아

니다. 오히려 우리가 아는 그 어떤 것보다도 쉽게 이해할 수 있

는 학문이다.

우리는 수학을 너무 조금 배운다

수학은 주로 무언가의 뒤에 숨어 있다. 어찌나 잘 숨어 있는지 좁은 시야로는 찾아낼 수조차 없을 정도다. 하지만 그렇다고 해서 수학이 필요하지 않다는 의미는 아니다.

학교에서도 마찬가지다. 어느 날 갑자기 학교에서 가르치는 모든 과목을 현대 사회에 적합한지, 혹은 실질적으로 활용 가능한지 여부에 맞추어 검토한다고 가정해 보자. 그렇다 해도 소위 말하는 교육 전문가들은 수학이 학교에 꼭 필요한 과목이라고 결론지을 것이다. 어쩌면 여러분은 컴퓨터가 수학을 대체했으니 이제는 수학 공부가 필요가 없다고 불평할지도 모르겠다. 하지만 칠판과 분필, 삼각형으로 이루어진 고전 수학 대신 새로운 수학을 가르친다면 ─ 나 또한 공과대학교에서 학생들에게 전기공학과 정보통신 기술을 가르친다 ─ 어떨까. 만약 새로운 과목을 만든다면 여기서 얻을 수 있는 최대 수확은 디지털에 대한 이해일 것이다.

이것이 나쁘다는 뜻은 당연히 아니다. 디지털에 대한 이해는 매우 중요하며, 미래에는 지금보다도 더욱 중요해질 것이다. 디지털에 대한 이해는 학교에서 반드시 배워야 하는 과목이다. 이미 이 기술을 잘 전달해 줄 수 있는 매개체도 존재한다. 모두가 예상할 수 있듯, 바로 수학이다.

수학과 디지털에 대한 이해

디지털은 결국 숫자로 이루어져 있다. 따라서 학교에서 디지털에 관한 수업을 한다면, 다음의 세 가지 주제를 중점적으로 다루어야 한다.

첫 번째로 다루어야 할 것은 — 스마트폰으로 시작해서 자동 주행 자동차까지 이어지는 — 디지털 기기에 대한 근본적인 이해다. 간단한 계산기로 시작해 보자. 디지털 기기는 두 가지 상태, 정확히는 0과 1을 나타내는 스위치로만 이루어져 있으며, 컴퓨터 시스템에 정교하게 연결되어 있다. 순진한 비전문가에게는 디지털 기술로 만들어진 기계가 마치 환상 속 유니콘처럼 느껴지겠지만, 기계의 작동 원리를 이해하고 환상에서 벗어나는 것은 매우 중요하다.

두 번째로 다루어야 할 것은 디지털 기기의 가치를 어림하는 것이다. 기계가 작동하는 방식을 알면 기계 그 자체는 큰 가치가 없다는 사실을 알게 될 것이다. 작동 방식과 원리를 알면 기계를 만드는 일은 그리 어려운 일이 아니기 때문이다. 수학계에서 이미 잘 알려진 소수는 큰 가치가 없는 것과 마찬가지다(이에 반해 알려지지 않은 큰 소수는 높은 가치를 갖는다). 또한 이제는 디지털 기기를 오직 디자인만 보고 사는 사람들도 많다. 이는 수학과 예술 수업을 접목시킬 환상적인 기회다.

세 번째로는 디지털 기기를 사용하는 법을 가르쳐야 한다. 특히 기계를 주도적으로 사용하고 기계에 종속되지 않는 법을 중점적으로 가르치고 또 배워야 한다.

컴퓨터 과학자 요세프 바이첸바움Joseph Weizenbaum 은 1978년에 《컴퓨터의 힘과 이성의 무력함Die Macht der Computer und die Ohnmacht der Vernunft》이라는 제목의 책을 출간했다. 대중의 이성적이지 못한 사용으로 인해 지금은 반사회적인 도구로 전락한 소셜 미디어가 존재하지 않던 시절에 발표된 이 책은 언뜻 보면 예언서처럼 느껴지기도 한다. 수학은 디지털 기기를 사용하는 데서 오는 힘뿐만 아니라 한계점에 대해서도 알고 있다. 사람은 이 한계점 너머에 서있을 때 비로소 진정으로 자유로울 수 있다.

아이들은 초등학교에서 구구단을 배우기 시작하면서부터 계산 결과를 맹목적으로 믿는 것과 그 결과가 어떻게 나왔는지를 이해하는 것의 차이를 알게 된다. "나도 혼자 할 수 있어." 이 자신감 넘치는 말은 화면의 유혹으로부터 이성을 해방시킨다. 어쩌면 수학이 지적 비평을 가능하게 하는 유일한 학교 과목은 아닐지도 모른다. 하지만 지적 비평 능력을 기르는 데 상당한 기여를 할 수 있음은 틀림없다.

수학, 관용의 학문

마지막으로 수학이 엄격하고 까다로운 학문이라는 고정 관념에 대해 생각해 보자.

수학이 어떤 실수도 용납하지 않는다는 말은 뜬소문에 불과하다. 실제로 용납 불가능한 실수는 더 이상 돌이킬 수 없는 처참한 결과를 가져오는 말이나 행동을 했을 때나 일어나는 것이다. 옛날에는 다리 제작자가 자신이 만든 다리가 완공되면 그 밑에 서서 다리가 지탱할 수 있는 최대 하중의 짐이 다리 위로 굴러가도록 했다. 건축가는 목숨을 걸고 자신의 구조물에 어떠한 실수도 존재하지 않음을 보증해야 했던 것이다.

생각을 종이에 연필로 그려내는 수학은 이에 비하면 관용의 전형이라고 볼 수 있다. 수학은 모든 실수를 용서한다. 수학은 세상에서 두 번째로 돈이 들지 않는 학문이기 때문이다. 수학을 연구할 때는 종이와 연필만 있으면 충분하다. 어쩌면 여기에 쓰레기통도 추가해야 할지 모르겠다. 생각하면서 계산하는 동안 엄청 많은 실수를 저지를 것이고, 이 종이를 어딘가에는 버려야 하기 때문이다. 덧붙이자면 수학보다 돈이 들지 않는 학문은 철학뿐이다. 철학을 공부하는 데는 쓰레기통도 필요하지 않기 때문이다.

　지금 학교에서는 수학을 너무 적게 가르치고 있다. 앞에서 말한 내용을 고려해 보면 더더욱 그렇다. 얼핏 수학 수업은 모든 숫자를 올바로 계산했는지 혹은 실수를 저지르지는 않았는지를 가리는 시험만으로 이루어진 것 같아 보인다. 심지어 후자의 경우에는 나쁜 성적으로 처벌을 받기도 한다. 대부분의 사람들에게 수학은 이렇게 끝난다. 수학적 정신에 반하는 큰 죄가 아닐 수 없다.

　진정한 수학 수업은 실수로부터 시작한다. 숙제에 아무런 실수도 없다는 사실은 그리 좋은 일이 아니다. 앞에서 들었던 예시에 비유하자면 이는 다리를 무너뜨리는 행위다. 모든 실수는 꼭 필요하며, 훌륭한 것이기도 하다. 모두에게 생각할 거리를 남겨 주기 때문이다. 진정한 수학 수업의 목적은 그 누구든 어떠한 실수도 저지르지 않도록 훈련시키는 것이 아니다. 훌륭한 수학 수업은 자기 스스로 실수를 알아차리고, 계산과 풀이 방법을 검토하고, 이를 통해 문제를 맞게 푸는 방법을 익히는 과정 속에 존재한다.

　뉴턴은 다음과 같이 말했다. "수학 문제에서는 작은 실수가 계속 존재해서는 안 된다." 이 문장은 애초에 실수가 존재한다는 것을 가정으로 한다. 실수가 존재한다면 우리는 행복할 수 있다. 실수를 통해 생각이 한자리에 '계속 고여 있지' 않고, 이리저리 흐를 수 있기 때문이다.

옮긴이 김지현

대학에서 식품 영양학을 전공했으나, 새로운 경험을 쫓아 독일에 오게 되면서 번역가의 길을 걷
게 되었다. 2018년부터 기술 번역 및 통역으로 경력을 쌓기 시작했으며, 현재는 바른 번역 소속
번역가로 활동하고 있다.

수학을 배워서 어디에 써먹지?

초판 1쇄 발행 2021년 8월 5일
초판 3쇄 발행 2022년 11월 15일

지은이 루돌프 타슈너 **옮긴이** 김지현
펴낸이 김종길 **펴낸 곳** 글담출판사 **브랜드** 아날로그

기획편집 이은지·이경숙·김보라·김윤아 **영업** 성홍진
디자인 손소정 **마케팅** 김민지 **관리** 김예솔

출판등록 1998년 12월 30일 제2013-000314호
주소 (04029) 서울시 마포구 월드컵로 8길 41(서교동)
전화 (02) 998-7030 **팩스** (02) 998-7924
페이스북 www.facebook.com/geuldam4u **인스타그램** geuldam
블로그 http://blog.naver.com/geuldam4u

ISBN 979-11-87147-77-0 (03410)

* 책값은 뒤표지에 있습니다.
* 잘못된 책은 구입하신 곳에서 바꾸어 드립니다.

만든 사람들 ───────────
책임편집 김윤아 **표지디자인** 김종민

글담출판에서는 참신한 발상, 따뜻한 시선을 가진 원고를 기다리고 있습니다.
원고는 글담출판 블로그와 이메일을 이용해 보내주세요. 여러분의 소중한 경험과 지식을 나누세요.
블로그 http://blog.naver.com/geuldam4u 이메일 geuldam4u@naver.com